普通高等教育"十一五"国家级规划教材配套教材
面向 21 世纪课程教材
Textbook Series for 21st Century
普通高等教育农业部"十三五"规划教材
全国高等农林院校"十三五"规划教材

普通昆虫学
实验指导

第二版

雷朝亮　荣秀兰　主编

中国农业出版社

图书在版编目（CIP）数据

普通昆虫学实验指导/雷朝亮，荣秀兰主编．—2版．—北京：中国农业出版社，2011.1（2017.12重印）
　普通高等教育"十一五"国家级规划教材配套教材，面向21世纪课程教材，全国高等农林院校"十一五"规划教材
　ISBN 978-7-109-15207-6

Ⅰ.①普… Ⅱ.①雷…②荣… Ⅲ.①昆虫学－实验－高等学校－教学参考资料 Ⅳ.①Q96-33

中国版本图书馆CIP数据核字（2010）第229388号

中国农业出版社出版
（北京市朝阳区麦子店街18号楼）
（邮政编码100125）
策划编辑　李国忠
文字编辑　郭　科

北京通州皇家印刷厂印刷　新华书店北京发行所发行
2003年8月第1版　2011年7月第2版
2017年12月第2版北京第3次印刷

开本：720mm×960mm　1/16　印张：8
字数：139千字
定价：16.00元
（凡本版图书出现印刷、装订错误，请向出版社发行部调换）

第二版编审人员

主　编　雷朝亮　荣秀兰
副主编　陈学新　韩召军
　　　　　徐洪富　尤民生
　　　　　罗梅浩　王文凯

编写人员（以姓名笔画为序）
卜文俊（南开大学）
马　云（浙江大学）
王文凯（长江大学）
王高平（河南农业大学）
尤民生（福建农林大学）
牛长缨（华中农业大学）
朱　芬（华中农业大学）
朱达美（华中农业大学）
刘　勇（山东农业大学）
许永玉（山东农业大学）
杜予洲（扬州大学）
李传仁（长江大学）
李后魂（南开大学）
李国清（南京农业大学）
杨　定（中国农业大学）
张雅林（西北农林科技大学）
陈学新（浙江大学）
罗梅浩（河南农业大学）
周兴苗（华中农业大学）
郑乐怡（南开大学）
郑晓军（河南农业大学）
荣秀兰（华中农业大学）
侯有明（福建农林大学）
袁　锋（西北农林科技大学）
徐洪富（山东农业大学）
郭线茹（河南农业大学）
董双林（南京农业大学）
韩召军（南京农业大学）
雷朝亮（华中农业大学）

审稿者　邓望喜　张国安
宗良炳（华中农业大学）
王荫长（南京农业大学）
何俊华（浙江大学）

第一版编写人员

主　　编　荣秀兰（华中农业大学）
副 主 编　罗梅浩（河南农业大学）
参编人员（以姓名笔画为序）
　　　　　　王文凯（湖北农学院）
　　　　　　朱　芬（华中农业大学）
　　　　　　周兴苗（华中农业大学）
　　　　　　侯有明（福建农林大学）
　　　　　　徐洪富（山东农业大学）

第二版前言

《普通昆虫学实验指导》是由华中农业大学等 11 所高等院校联合编写出版的《普通昆虫学》配套实验教材。《普通昆虫学》为普通高等教育"十五"国家级规划教材、面向 21 世纪课程教材；并于 2003 年由中国农业出版社出版。该套教材自出版以来，有多所高等院校植物保护、动植物检疫、农药及相关专业本科生选用，一直受到了专业同仁及广大师生的好评。该套教材于 2005 年获全国高等农业院校优秀教材奖。

为了适应教学改革和形势发展，满足广大读者的需要，中国农业出版社提出修订《普通昆虫学》这套教材。为此编委会在收集各方面意见的基础上，经部分编委研究决定对原版《普通昆虫学实验指导》进行了一些修订，包括统一《普通昆虫学》和《普通昆虫学实验指导》两本书的编委；修改第一版在撰写和排版等方面的错漏之处；更换部分图片；改编部分实验内容；完善昆虫分类检索表；增加昆虫生态学实验及昆虫标本的采集与制作等内容。

尽管各编委认真修订，但由于时间仓促，疏漏和不当之处在所难免，恳望各位专业同仁及所有读者给予指正！

在修订过程中，得到了各编委及其所在院校领导的大力支持，以及诸多同仁的关注。在此向所有关心和支持《普通昆虫学实验指导》修订的各位编委及同仁深表谢忱！

编　者

2010 年 6 月

第一版前言

　　《普通昆虫学》是植物保护及其相关专业本科生的主要基础课之一，已被列入普通高等教育"十五"国家级规划教材和"面向21世纪课程教材"。按照教育部"十五"规划教材厚基础、强能力、高素质、广适应、高起点、目标清、内容新、形式活的要求，在考虑教材原有体系的同时，注重突出本学科的最新研究成果，既考虑知识的涵盖面，又要按照实际教学学时数控制好篇幅；既要考虑理论教学的需要，也要为实践教学提供便利。为了协调好篇幅与内容的矛盾，为了满足教学改革的需要，全体编写人员一致认为需要编写一本与《普通昆虫学》教材配套的实验指导书，以弥补《普通昆虫学》因篇幅所限而留下的遗憾。

　　在时间非常紧迫的情况下，华中农业大学、河南农业大学、南京农业大学、山东农业大学、福建农林大学、湖北农学院等院校的领导和参编人员给予了极大的支持；南京农业大学孙长海、王备新、陈长琨教授等提供了部分参考意见；中国农业出版社为《普通昆虫学指导》的出版做出了很大努力，付出了很多心血，在此一并表示衷心的感谢！

编　者

2003年6月

目 录

第二版前言
第一版前言

实验一　昆虫解剖镜的构造和使用 …………………………………… 1
实验二　昆虫体躯、头壳的构造及其附肢 …………………………… 4
实验三　昆虫口器的基本构造 ………………………………………… 8
实验四　昆虫口器的变异类型及其特点 ……………………………… 10
实验五　昆虫颈部与胸部的基本构造 ………………………………… 13
实验六　昆虫胸足和翅的基本构造及类型 …………………………… 16
实验七　昆虫腹部的基本构造及其附肢 ……………………………… 19
实验八　昆虫外生殖器的基本构造 …………………………………… 21
实验九　昆虫生物学 …………………………………………………… 23
实验十　昆虫的体壁及其生理 ………………………………………… 25
实验十一　昆虫的内部器官及其位置 ………………………………… 27
实验十二　昆虫的消化系统及排泄器官 ……………………………… 29
实验十三　昆虫的循环系统及血细胞 ………………………………… 32
实验十四　昆虫的呼吸系统及呼吸生理 ……………………………… 34
实验十五　昆虫的神经系统及感觉器官 ……………………………… 37
实验十六　昆虫的内分泌腺及生殖系统的观察 ……………………… 40
实验十七　六足总纲的分类鉴定 ……………………………………… 42
实验十八　直翅类昆虫的鉴定 ………………………………………… 55
实验十九　半翅目昆虫的鉴定 ………………………………………… 59
实验二十　同翅目昆虫的鉴定 ………………………………………… 66
实验二十一　缨翅目、等翅目、食毛目、虱目、广翅目、脉翅目和蛇蛉
　　　　　　目昆虫的鉴定 …………………………………………… 69
实验二十二　鞘翅目昆虫的鉴定 ……………………………………… 75
实验二十三　鳞翅目昆虫的鉴定 ……………………………………… 81
实验二十四　长翅目、毛翅目及双翅目昆虫的鉴定 ………………… 87

实验二十五　蚤目和膜翅目昆虫的鉴定 ………………………………… 98
实验二十六　昆虫发育起点温度与有效积温的测定 …………………… 109
实验二十七　昆虫标本采集与制作 ……………………………………… 112

主要参考文献 ……………………………………………………………… 120

实验一　昆虫解剖镜的构造和使用

解剖镜又称体视显微镜、立体显微镜、实体显微镜、双目扩大镜、双目解剖镜等。其形式虽然多种多样，但结构基本一致，现以 SMZ168-BL 型解剖镜为例加以介绍。

【目的】掌握解剖镜的基本构造和使用方法。

【用具】SMZ168-BL 型解剖镜或其他型号解剖镜。

【内容与方法】

1. 解剖镜的基本结构和功能　标准配置的 SMZ168-BL 型解剖镜整机由 1 对目镜、1 个镜体、1 个上光源、1 个升降机构、1 个带光源底座以及 1 对眼罩组成（图 1-1）。

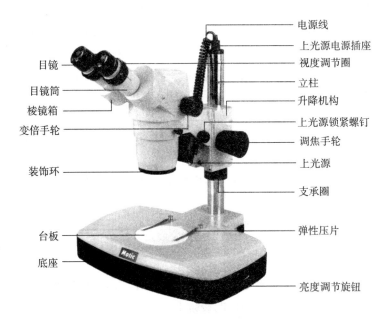

图 1-1　解剖镜构造图

（1）**目镜**　目镜的放大倍数通常为 10×，SMZ168-BL 型解剖镜的目镜为超广角，视场直径 23mm，高眼点，眼点距为 19mm。

（2）**镜体**　镜体由物镜部分和目镜部分组成，安装在升降机构的安装孔内，用升降机构右侧的锁紧螺钉锁紧。

①物镜部分：物镜部分是变倍比为1∶6.7的变倍物镜系统，该系统使解剖镜具有放大功能，放大倍数连续可调。变倍手轮位于镜体两侧，转动变倍手轮可连续改变放大倍率。当放大倍率为整数时，设有定档机构，相应的倍率数值可从右边手轮外圆上读出。

②目镜部分：SMZ168-BL型解剖镜的目镜部分带有2个目镜筒，目镜筒相对于水平方向倾斜35°，可装目镜；2个棱镜箱可相对转动，2个目镜的距离随棱镜箱的转动而变化以适应不同瞳距的观察者。视度调节圈用于调节视度以满足不同视力观察者的要求。

（3）升降机构　升降机构安装于底座的立柱上，并支承解剖镜镜体，通过升降机构上的锁紧螺钉，可将升降机构固定在立柱的任意高度上。

调焦手轮位于升降机构的两侧，转动此手轮可使镜体上下移动以对观察标本进行调焦。升降机构的调焦行程为50mm。调焦手轮具有打滑功能，当调焦到行程的上、下极限位置时，手轮的转动为"空转"，可以防止对齿轮的过度挤压。

（4）带光源底座　底座是全镜的基座，位于镜体的最下方。底座上带有立柱，立柱上带有支承圈，位于升降机构的下方，防止升降机构从立柱上意外滑落。底座的中央有1个可移动的圆盘，即台板或载物盘，随底座配有毛玻璃台板和黑白台板各一块，供不同用途时选用。在底座的中后部有1对弹性压片，用以固定昆虫和其他易动物体之用。底座台板孔的正下方装有12V/10W卤素灯，转动底座右侧的调节旋钮，可调整灯的亮度。

（5）上光源　上光源通过2颗螺钉装于升降机构上，转动这2颗螺钉，可调整其照明角度。

上光源内装有带12V/10W反光碗卤素灯，可用底座右侧的调节旋钮调整其亮度。

上光源的插头位于立柱顶端的插座上，通过底座取电。

（6）眼罩　为了防止外来光线的干扰，多在目镜上设有眼罩，便于更好地进行观察。

（7）防尘罩　有些型号解剖镜带有防尘罩，使用前、后均要放在目镜筒上端，以防灰尘和异物落在目镜筒内的棱镜上。

2. 解剖镜的使用方法和注意事项

①取用（或者放回）解剖镜时，必须用一只手握持立柱，另一手托住底座，小心平稳地移动、取出或放回，严禁单手取用或移动。

②使用解剖镜前，必须首先检查附件有无缺少，镜体各部分有无损坏，转

动调焦手轮有无故障等。若有问题应立即向指导教师报告。

③镜筒上若有防尘罩，应取下防尘罩换上目镜，再将眼罩放在目镜的上端。

④将所观察的物体置于玻片上或蜡盘中，再放到载物盘的中央，待观察。严禁将标本直接放在载物盘上。

⑤观察前，先用手托住镜体，拧开锁紧螺丝，把镜体向上移动至所需要观察的距离，然后锁紧镜体。

⑥观察时先转动棱镜箱，使两个目镜间的宽度适合于自己两眼间的距离，然后将物镜对准所观察物体中央，转动调焦手轮进行对焦，使所观察的物体清晰可见。

⑦在调节焦距时，转动调焦手轮不能太快。

⑧使用时若发现目镜或物镜上有异物时，千万不能用手、布、手绢、衣服等去擦，应用洗耳球吹或用擦镜纸轻轻擦拭。若遇到故障时应立即停止使用，并向教师报告。

⑨用毕，首先取出目镜，换上防尘罩（若有防尘罩）。再将载物盘上的东西取下。然后用左手托住镜体，右手拧开锁紧螺丝，慢慢地把镜体向下移动，直至不能再移动为止。最后将所有部件全部放回原处，注意不要与其他解剖镜互换。

⑩将解剖镜放回前，首先要用清洁柔软的绒布把镜身、载物盘等部位擦干净，然后连同附件一起放入镜箱内，并锁紧镜箱。

实验二 昆虫体躯、头壳的构造及其附肢

【目的】
①了解昆虫体躯的一般构造。
②掌握昆虫纲的特征及其与唇足纲、蛛形纲、甲壳纲和多足纲等其他节肢动物的区别。
③了解昆虫头壳的构造及其附肢。
④掌握昆虫头式的类型。

【材料】棉蝗(或东亚飞蝗)、家蚕(或黏虫)幼虫、蝉、步甲、胡蜂、家蝇、牛虻、豉甲、菜粉蝶、蚕蛾、金龟子、白蚁、埋葬甲、绿豆象(♂)、叩甲(♂)、摇蚊(♂)、蜘蛛、马陆、蜈蚣和虾等;10%KOH。

【用具】解剖镜及常用解剖用具(蜡盘、镊子、解剖针、大头针等)。

【内容与方法】

1. 昆虫体躯的一般构造(《普通昆虫学》,图 0-1)

①取棉蝗(或东亚飞蝗)1头,观察其体躯是否左右对称?体壁是否坚硬?

②棉蝗(或东亚飞蝗)体躯分为_____段,腹部有_____节,头部和胸部是通过_____相连接的。

③用左手拿住棉蝗(或东亚飞蝗),右手用镊子夹住其腹部轻轻拉动,观察蝗虫腹部各节是如何连接的。

2. 昆虫纲与节肢动物门其他各纲的关系(《普通昆虫学》,图 0-2)

取棉蝗(或东亚飞蝗)1头,按照表2-1中的要求进行观察,并与马陆、蜘蛛、虾和蜈蚣等节肢动物门各纲标本进行比较,找出它们的异同点,并填入表2-1。

表2-1 昆虫纲与节肢动物门部分纲特征比较

纲 名	体躯	触角	足	呼吸器官	栖境
昆虫纲					
蛛形纲					
甲壳纲					
唇足纲					
重足纲					

3. 昆虫头壳的构造（《普通昆虫学》，图 2-4）

(1) 头壳上的缝和沟

①缝：以鳞翅目幼虫为材料观察其头部背面的一条倒 Y 形线，即蜕裂线（《普通昆虫学》，图 2-17）。

②沟：昆虫头壳上的沟主要有以下 7 条。取棉蝗（或东亚飞蝗）和家蚕（或黏虫）幼虫各 1 头进行观察。

A. 颅中沟：以家蚕（或黏虫）幼虫为代表（《普通昆虫学》，图 2-17）观察颅中沟。

B. 额唇基沟：又称口上沟。观察棉蝗（或东亚飞蝗）和家蚕（或黏虫）幼虫的额唇基沟，注意二者有何区别。

C. 额颊沟：棉蝗（或东亚飞蝗）复眼下方至上颚前关节之间有 1 条纵沟，即额颊沟。

D. 颊下沟：在棉蝗（或东亚飞蝗）头壳的侧面、颊的下方，自前幕骨陷到后头沟之间的 1 条横沟，即颊下沟。颊下沟是由口侧沟和口后沟组成。口侧沟是在两上颚关节之间的一部分颊下沟；口后沟是位于上颚后关节以后的部分颊下沟。口侧沟在直翅目昆虫中较为明显，如棉蝗（或东亚飞蝗）。口后沟在鳞翅目幼虫中特别发达，如家蚕（或黏虫）幼虫。

E. 后头沟：在头部的后面环绕着后头孔的第 2 条拱形沟，叫后头沟。其两端下达上颚后关节处，棉蝗后头沟在近头顶处较退化。

F. 次后头沟：在头部后面环绕后头孔的第 1 条拱形沟，叫次后头沟。次后头沟的两端内陷所形成的内骨骼，叫幕骨后臂，外面留下的凹陷叫后幕骨陷。

G. 围眼沟：是环绕复眼周围的 1 条沟。其内陷形成 1 个环形的内脊，称眼隔。

(2) 头壳的分区

①额唇基区：位于头部的正面，由额和唇基组成。在蜕裂线两侧臂以下、额唇基沟以上、两条额颊沟之间的区域，统称为额。成虫的＿＿＿＿眼和触角就着生此区。额唇基沟和上唇之间的 1 块骨片，称唇基。观察棉蝗（或东亚飞蝗）与家蚕（或黏虫）的额唇基区有何区别。

②颅侧区：位于额颊沟和后头沟之间，是头部侧面和头顶的总称。蝗虫＿＿＿＿和家蚕（或黏虫）＿＿＿＿位于此区。

③颊下区：是颊下沟以下的 1 个狭小骨片。其下缘具有支撑上颚的两个关节。位于上颚两个关节之间的部分颊下区称为口侧区；上颚后关节之后的部分颊下区称为口后区。蝗虫的颊下区是 1 块＿＿＿＿骨片。

④后头区：是位于后头沟和次后头沟之间的拱形骨片。它包括后头和后颊。二者之间没有分界线，通常把头顶以后的部分后头区称为后头，颊以后的部分后头区称为后颊。

⑤次后头区：是次后头沟以后的拱形骨片。次后头区的后缘与颈膜相连。次后头区的侧后方有两个突起，称为后头突，它是颈部侧面骨片，即侧颈片的支接点。

（3）观察头部的幕骨（《普通昆虫学》，图 2-5）　将棉蝗（或东亚飞蝗）的头部取下，置于盛有 10%KOH 溶液的烧杯中，用酒精灯或在电炉上加热 20min 左右，溶去其内含物。随后取出，用清水冲去碱液。待解剖观察。

方法 1：取用清水冲洗过已煮好的蝗虫头壳 1 个。用镊子将口器的上颚、下颚、下唇和舌拉掉，再用清水冲洗，直至头壳透明为止。轻轻甩去（或用纸吸去）水分。然后从后头孔处，对着光源直接观察；或用针将头壳固定于蜡盘中，在解剖镜下进行观察。

方法 2：取用清水冲洗过已煮好的蝗虫头壳 1 个，先用镊子将口器的上颚、下颚、下唇和舌拉掉（最好保留上唇，以便确定方位）。然后用解剖剪从头顶一侧插入，沿后头沟前面的头顶两侧向下剪，直至额唇基沟的上方，再沿着额唇基沟向后，将额区和颅侧区的大部分头壳剪去。只留下后头孔和具有额唇基沟、上唇的部分头壳，即可见幕骨的各个部分，进行观察。

方法 3：取用清水冲洗过已煮好的蝗虫头壳 1 个。先用镊子去掉口器附肢。然后用解剖剪从后头孔一侧插入，由后头沟向上剪至蜕裂线中干附近，转向前剪至额唇基沟上方，再向后剪至后头沟（注意不要伤幕骨背臂），即剪去头壳的一半，便可见幕骨的全貌。

①幕骨前臂：它是由_____沟的两端内陷而成。棉蝗幕骨前臂前端宽，后端窄，中后部侧立。

②幕骨背臂：是着生在_____上，中后部侧立的 1 对长条形的薄片向背面延伸到触角的附近。注意观察头壳上有无陷口。为什么？

③幕骨后臂：它是由_____沟的两端内陷而成的 1 对臂状骨片。

④幕骨桥：两幕骨后臂中间通常有 1 骨片将其左右相连形成幕骨桥。注意观察棉蝗幕骨桥的形状和位置与模式构造有何不同。

4. 观察昆虫的头式（《普通昆虫学》，图 2-8）

①棉蝗（或东亚飞蝗）的头式为_____式。

②蝉的头式为_____式。

③步甲的头式为_____式。

5. 观察昆虫的触角（《普通昆虫学》，图 2-10）

(1) 观察昆虫触角的基本构造　以蜜蜂为材料,观察其触角是由_____、_____和_____三节组成。

(2) 观察下列各种昆虫的触角,注明它们各属于哪种类型(《普通昆虫学》,图 2-10)

①胡蜂的触角为_____状;②白蚁的触角为_____状;③蚕蛾的触角为_____状;④蝉的触角为_____状;⑤蝗虫的触角为_____状;⑥金龟子的触角为_____状;⑦埋葬甲的触角为_____状;⑧菜粉蝶的触角为_____状;⑨绿豆象(♂)的触角为_____状;⑩叩甲(♂)的触角为_____状;⑪家蝇的触角为_____状;⑫摇蚊(♂)的触角为_____状。

6. 观察昆虫单眼、复眼的一般外部形状、数目及其排列方式(《普通昆虫学》,图 2-11)

①以棉蝗(或东亚飞蝗)为代表观察其复眼为_____形,_____个,位于_____区;

②豉甲和雌、雄牛虻的复眼各有哪些差异?

③观察棉蝗(或东亚飞蝗)的背单眼位于_____区,_____个,排列成_____形;位于中间的 1 个单眼叫_____单眼,两侧的单眼叫_____单眼。

④家蚕幼虫的侧单眼位于_____区,_____个,排列成_____形。

【作业与思考题】

①绘制棉蝗(或东亚飞蝗)体躯侧面观图,注明各体段及其附肢、附器的名称。

②比较昆虫纲、蛛形纲、重足纲、甲壳纲和唇足纲的异同点。

③绘制棉蝗(或东亚飞蝗)头部前面观的线条图,注明沟与区的名称(中、英文)。

④如何理解昆虫头式变化的适应意义?

实验三　昆虫口器的基本构造

【目的】了解昆虫口器的基本构造。
【材料】棉蝗（或东亚飞蝗）、家蚕（或黏虫）幼虫。
【用具】解剖镜及常用解剖用具。
【内容与方法】

1. 解剖观察棉蝗（或东亚飞蝗）嚼式口器的基本构造（《普通昆虫学》，图 2-12 至图 2-16）

①取棉蝗（或东亚飞蝗）头部 1 个，将其腹面向上进行观察。棉蝗（或东亚飞蝗）的口器是由上唇、下唇、上颚、下颚和舌 5 个部分组成。首先用镊子拨动口器各部分，并区分这几个部分，观察各口器附肢的相对位置。然后分别从头部的前面、侧面、后面和腹面进行观察，指出各能看到口器的哪些部分。

②先用解剖针拨动悬垂于唇基下的 1 薄片，即上唇，注意观察其形状。然后将镊子夹住上唇基部，用力向外拉，取下上唇并置于盛有清水的蜡盘中进行观察，注意其内、外壁有何区别。

③上唇取下后，露出 1 对深色的大而坚硬的、具齿附肢，即上颚。上颚通常分为端部的切齿叶和基部的臼齿叶。注意观察切齿叶与臼齿叶在形状上的差异。两者功能是否一样？上颚基部由膜与头壳、舌及下颚相连，并有前、后两个关节支持头壳。观察这两个关节的形状有什么不同。用镊子夹住一侧的上颚左右摇晃，使其基部松动后，用力取下。观察上颚基部的 2 个大小不一的肌腱，大的为_____，小的为_____。

④上颚取下后，可见 1 对构造比较复杂并带须状物附肢的下颚。用镊子夹住下颚基部取掉下颚，至于镜下观察其构造。轴节是基部近似于三角形的骨片，其下面连接 1 个呈长方形的茎节，茎节端部有 2 个能活动的叶状物，里面的一个叫内颚叶（叶节），外面的一个叫外颚叶（盔节）。注意观察它们在形状和质地上的不同。茎节的外缘着生 1 根分为_____节的下颚须。此须着生在负颚须节上。下颚有几个关节？如何与头壳相连？关节多少与活动范围的大小有何关系？

⑤下颚去掉后，露出一块片状带须的附肢下唇。小心将其拔掉，至于蜡盘中进行观察。其基部宽大的骨片，称为亚颏，着生在头壳的后面，头孔的下

面。亚颏的前面为1对较小的骨片，称颏，这两部分合称为后颏。再向前的1块骨片是前颏，端部具有2对叶状构造，外面较大的1对称侧唇舌，中间较小的1对称中唇舌。此外，在前颏的两侧着生1对分为_____节的下唇须，此须基部有1负唇须节。观察下唇在头部的着生位置及各个组成部分。下唇有_____关节与头壳连接。然后取出下唇。

⑥下唇取下后，头部腹面只剩下中央的一个囊状构造，即舌。观察其形状及其感觉器官。

注意在整个观察过程中蜡盘中要放少量的清水（最好淹没），防止干缩、卷曲，以便进一步观察和绘图。

2. 以家蚕（或黏虫）和叶蜂幼虫为代表观察咀嚼式口器的变化 除直翅类昆虫具有典型的咀嚼式口器外，鞘翅目的成虫、幼虫，鳞翅目幼虫及叶蜂幼虫等也具咀嚼式口器，但构造有些变化（《普通昆虫学》，图2-17）。

（1）以家蚕（或黏虫）幼虫为代表观察鳞翅目幼虫口器的构造 取家蚕（或黏虫）幼虫1头，将头部取下固定于蜡盘中，置于镜下观察其口器的构造和变化特点。

（2）以叶蜂幼虫为代表观察膜翅目广腰亚目幼虫口器的构造 取叶蜂幼虫1头，置于镜下观察其口器，并比较其与家蚕（或黏虫）幼虫口器的不同。注意复合体各部分的合并与分离情况以及吐丝器等。

【作业与思考题】

①绘制棉蝗（或东亚飞蝗）口器各部分的构造图，注明各部分名称（中、英文）。

②试比较棉蝗（或东亚飞蝗）的口器与家蚕（或黏虫）幼虫口器构造的异同点。

实验四　昆虫口器的变异类型及其特点

【目的】了解昆虫刺吸式、锉吸式、虹吸式、舐吸式、刮吸式、捕吸式和嚼吸式口器的基本构造及变异特点。

【材料】蝉、蛾或蝶成虫及其口器横切面玻片，蚁狮、蓟马、家蝇或其他蝇类成虫和幼虫、蜜蜂及其口器玻片。

【用具】解剖镜及常用解剖用具。

【内容与方法】

1. 解剖观察吸收式口器的构造特点

(1) 以蝉为代表观察刺吸式口器的构造特点(《普通昆虫学》，图 2-20)

①取蝉 1 头，使其腹面向上，仔细观察其头部的外部形态。头部前面中央隆起的部分为后唇基，下方较小的 1 片是前唇基。头的下方有 1 根分为三节的喙管为下唇，其内包藏上颚、下颚和舌特化的口针。

②将头轻轻取下，注意请勿将下唇拉掉，以左手执住头部，使头部正面向上，下唇向右，迎着光线，用右手慢慢地将下唇向下按，即可见在唇基的下方有 1 个狭小的三角形骨片翘起，即为蝉的上唇。

③将唇基自基部拉掉，可见到颜色、粗细不一的 3 根细长口针，其中外面 1 对较粗、颜色较深的是上颚，用于刺破植物组织。中央较细的 1 根带金黄色的是 1 对下颚口针的嵌合，其内有食物道和唾道。

④解剖下颚口针的方法可采取以下两种：

方法 1：首先用镊子小心地将这 3 根口针基部两侧的骨片掰去（不要碰口针），再将蝉的头部腹面向上，用两手沿其中线慢慢地把头一分为二地掰开，即可将中间的 1 根下颚口针分为 2 根。

方法 2：将蝉的头部腹面向上，用镊子除去部分肌肉，即可见到 4 块棕褐色的骨片。然后再用解剖针轻轻的挑动骨片或用镊子夹住任何一块骨片轻轻拉动，即可将 2 根口针分开。

⑤用解剖剪剪下一段上颚和下颚，置于解剖镜下，注意观察上、下颚内面槽道的数目、大小。

⑥将蝉的口器横切面玻片置于解剖镜下，观察其食物道和唾道的嵌合情况。

(2) 以蓟马代表观察锉吸式口器的构造特点　将蓟马玻片置于解剖镜下，对照《普通昆虫学》图2-24进行观看，注意观察蓟马口器的喙是长还是短。口针是_____根；_____上颚口针退化；_____颚口针发达。

(3) 以天蛾成虫为代表观察虹吸式口器的构造特点（《普通昆虫学》，图2-25）

①取新鲜的或经过还软的天蛾成虫1头，观察其头部下方有1根发条状细长而卷曲的喙管，它是由1对下颚的外颚叶嵌合而成的。首先用镊子将其拉直，再用解剖针将喙管分开。

②用解剖剪将分开的喙管剪下一段，置于解剖镜下观察其构造特点。

③观察天蛾口器横切面玻片，注意食物道的嵌合情况。

(4) 以家蝇成虫为代表观察舐吸式口器的构造特点（《普通昆虫学》，图2-26）　将家蝇成虫口器玻片置于解剖镜下，注意观察舐吸式口器的基喙、中喙和端喙的构造特点。

(5) 以家蝇幼虫（蝇蛆）为代表观察刮吸式口器的构造特点（《普通昆虫学》，图2-28）　取活蝇蛆一头（或蝇蛆口器玻片），置于解剖镜下观察，可见蝇蛆头部不发达，缩于头内，口器仅剩下一对口沟，用以刮碎食物。

(6) 观看蚁狮口器的玻片，了解捕吸式口器的构造特点（《普通昆虫学》，图2-29）。

2. 以蜜蜂（或玻片）为代表观察嚼吸式口器的构造特点（《普通昆虫学》，图2-30）

①取新鲜蜜蜂1头（或玻片），观察口器各部分，并用镊子夹住喙的各个部分进行伸缩、弯折活动，是否能自然地折叠于头下，共有_____折。

②用镊子从头部的背面仔细地沿上唇基将上唇取下，放在玻片上置于镜下观察。上唇为横长方形的骨片，它盖于上颚的基部。

③再用镊子取下上颚，可见上颚长而大，基部与端部较粗，中部较细，端部内侧凹成一沟。

④下颚的外颚叶发达，轴节极小，呈棒状，轴节下面是宽大的茎节；与茎节端部相连的是刀片状的外颚叶；外颚叶基部内侧有一个比较退化的膜质的内颚叶，外侧有1个短小、分为2节的下颚须。

⑤下唇前颏长而大，光滑而色深；前颏端部中央连接的一条多毛的管状构造是中唇舌，它是由许多骨化环和膜质环相间组成。因此能伸缩，其腹面向里凹成一狭槽为唾道。末端稍膨大成匙状的中舌瓣。在中唇舌基部两侧，有1对短小而薄的凹叶，凹面卷覆在中唇舌的基部，这就是侧唇舌。在前颏端部的两侧，有1对短小的负颚须节，其上着生有1对很长的须状构造，即是分为4节

下唇须。

⑥舌为膜质，不发达，覆盖在前颏的前面。唾道从舌下面通过，在末端开口，唾液从此流出并转入中唇舌腹面的槽里，流向中舌瓣。

蜜蜂的喙只在吸食液体食物时才由下颚、下唇的有关部分拼合起来形成食物道，不用时则分开并变折于头下，露出上颚，只有这时，才能发挥上颚的咀嚼和筑巢等功能。

【作业与思考题】

①举例说明哪些昆虫的口器属于吸收式口器。

②昆虫各类口器在构造上有哪些异同点？

③图示蝉的口器横切面图，注明各部分名称（中、英文）。

④简述刺吸式口器和咀嚼式口器在构造上有哪些异同点。二者的为害症状有何不同？

实验五　昆虫颈部与胸部的基本构造

【目的】　了解昆虫颈部与胸部的基本构造及其内骨骼。

【材料】　棉蝗（或东亚飞蝗）的液浸标本及胸部的透明骨骼、竹节虫、螳螂、蜚蠊、角蝉、菱蝗和石蝇成虫标本。

【用具】　解剖镜及常用解剖用具。

【内容与方法】

1. 解剖观察蝗虫颈部和侧颈片　取液浸的棉蝗（或东亚飞蝗）1 头，使头向左，侧放于蜡盘中，用针固定。然后左手执解剖针或镊子按住头部，右手用镊子夹住胸部轻轻向右拉动虫体，待颈膜露出时固定胸部。在颈的侧腹面，透过颈膜或剪去前胸背板的侧下角，可以看到头与胸部的白色颈膜，其两侧有一 V 形骨片，这就是侧颈片。它是由前、后 2 块骨片组成。前面的 1 块为前侧颈片，后面的 1 块为后侧颈片。前侧颈片的前方与次后头脊上的关节相连，后侧颈片的后方与前胸的前侧片相顶接。在肌肉的伸缩活动中改变这两块骨片间的夹角，使颈部产生伸缩和弯曲运动（《普通昆虫学》，图 3-1）。

2. 解剖观察蝗虫胸部的构造特点　取液浸的棉蝗（或东亚飞蝗）1 头，观察胸部的分节及连接情况，胸足和翅的着生位置，背板、侧板和腹板的划分及连接等。注意各胸节具足 1 对，中、后胸各具翅 1 对，它们是区别昆虫前胸、中胸和后胸所在处的重要标志。

（1）**前胸**　将棉蝗（或东亚飞蝗）的前胸连同前足取下，观察并区分背板、侧板和腹板的构造（《普通昆虫学》，图 3-2）。

①背板：特别发达，前方盖及颈部，后方盖住中胸前部。背板中央有纵向的中隆线，两侧向下延伸，盖在侧板之外。整个前胸背板呈马鞍形。

②侧板：不发达，大部分被前胸背板盖住，并与背板前下方内壁相贴，仅前下角外露呈三角形骨片。用镊子夹住这块三角形骨片，慢慢地将它与背板内壁拉开，可见前侧片实际上是 1 块反 D 形骨片。后侧片更小，必须从背板的内面观察，它位于前胸侧内突的下方，是 1 块很小的三角形骨片。

③腹板：不太发达，主要由基腹片及具刺腹片组成。基腹片较大，其前侧角延伸与前侧片连接，形成基前桥。具刺腹片较小，呈三角形，在中央有一纵陷，即内刺突陷，里面为片状的内刺突。

有些昆虫如棉蝗、叩甲等前胸腹板上有明显的锥状或圆柱状突起，称前胸板突，其大小与形状是重要的分类特征。注意东亚飞蝗有无前胸腹板突。

昆虫的前胸构造虽然较简单，但其大小、形状在不同类群中有很大的变化。观察襀翅目的石蝇3个胸节的形状和大小是否相似。竹节虫的前胸很_____；螳螂的前胸很_____；菱蝗的前胸背板向后延伸，直达腹部_____；蜚蠊的前胸背板向前扩展，几乎盖住整个_____；角蝉前胸背板扩展呈各种奇异的角状突起等。

(2) 中、后胸(具翅胸节)(《普通昆虫学》，图3-3至图3-8) 为了适应飞行的需要，它们在构造上比较一致，彼此紧密连接，并有明显的沟，以形成牢固的适于飞行的结构。以棉蝗（或东亚飞蝗）为例进行观察。

①背板：将浸泡的棉蝗（或东亚飞蝗）头部取下后，虫体向前，背面向上，固定于蜡盘中，把前、后翅展开固定，加清水淹没。然后置于解剖镜下观察中、后胸背板的构造。

中、后胸背板构造相似，由端背片、前盾片、盾片、小盾片、后小盾片等组成。侧缘不整齐，并以膜质与侧板和翅基相连。

棉蝗中胸的端背片是背板最前端的狭长骨片，前脊沟和前盾沟在中央一段靠得很近（而东亚飞蝗的前脊沟和前盾沟在中央一段重合）。在端背片之后有1块中间狭窄、两侧膨大的骨片即前盾片（在东亚飞蝗中前盾片被分割为两块，分别位于盾片的左、右前侧角处）。中央最大的一片为盾片，盾片的两侧缘骨化较强，前端向外突出，形成前背翅突，是翅在背面的主要支点。在盾片之后略呈三角形的骨片是小盾片，小盾片在近中后部处中央隆起，其后有1V形沟，将小盾片分为前、后、左、右几小块。盾间沟不太明显，大部分已消失。

后胸背板的端背片已被中胸盖住。后胸的后背片是由第1腹节端背片向前扩展而成，与后胸小盾片紧密相接。

②侧板：将棉蝗（或东亚飞蝗）把去头的蝗虫侧放于蜡盘中，先固定虫体，再把翅展开固定，然后观察。每节侧板中央均有1条侧沟，把该节的侧板分为前、后两片，分别称为前侧片和后侧片。侧沟的上端膨大形成侧翅突，与翅的第2腋片相顶接，下端膨大形成侧基突，与胸足的基节相支接。

此外，在侧板上方的膜质区内，有几块小骨片，称为上侧片。在侧翅突前面的2块分别称为前上侧片，侧翅突后面的1块为后上侧片。前侧片在基节窝前方与腹板并接形成基前桥。

胸部有两对气门，中胸气门位于前侧片以前的节间膜上，后胸气门则位于中足基节窝的后上方中、后胸分界线之前。

③腹板：将棉蝗（或东亚飞蝗）的腹板向上，可见中胸腹板合并形成1大块甲状腹板。在中胸腹板呈倒凹形，腹板前缘有1条前腹沟，将基腹片划分出1块狭长的骨片，即前腹片。前腹片后面1块大的骨片为基腹片。基腹片中央有1条横沟即腹脊沟，其两端的陷口是腹内陷，中间（东亚飞蝗）或中下部有1个凹陷，即内刺突陷。小腹片位于其下，左右两侧各1片。

后胸腹板呈凸形，无前腹片。基腹片的前方突出于中胸的两小腹片之间。小腹片位于基腹片后面的两侧，二者之间没有沟划分。后胸腹板后面也没有间腹片。基腹片后部中央的小骨片，则为第1腹节的前腹片。后胸腹板的后面没有具刺腹片。

为了使整个胸节成为强有力的飞行机械，侧板必须与背板和腹板上下紧密相连。前侧片与前盾片形成翅前桥。后侧片与后背片形成翅后桥。侧板在胸足基节窝的前、后与腹板相接，分别形成基前桥与基后桥。

（3）胸部的内骨骼（《普通昆虫学》，图3-9至图3-12） 将透明或不透明的棉蝗（或东亚飞蝗）标本从一侧的中部纵向剪开，展开放于蜡盘中，里面向上，观察和辨认以下构造：

①悬骨：是由背板的前脊沟内陷所形成的前内脊扩展而形成的片状构造，可供强大的背纵肌着生。胸部背面有3对发达的悬骨。第1对位于中胸的前面，第2对、第3对分别位于后胸的前面和后面。第3对由第一腹节背板的前脊沟内陷形成。第1对、第3对悬骨近椭圆形；第2对近长方形，且较第1对、第3对发达。注意观察未透明标本的背纵肌是如何着生的。

②侧内脊和侧内突：它们都是由侧板的侧沟内陷而形成的。部分侧内脊向内延伸成臂状构造称为侧内突。注意观察侧内突与腹内突是如何相接的。这一构造与飞行机械有何关系？

③腹内脊和腹内突：腹内脊是腹脊沟内陷所形成的脊状突起，腹内脊的两端发展成发达的骨片称为腹内突（又称叉突）。中、后胸的腹内突基部呈柄状，端部向侧上方扩伸呈匙状，与侧内突对应，并以肌肉连接。

④内刺突：它是间腹片内陷而形成的突起，以供部分腹纵肌着生。观察棉蝗（或东亚飞蝗）前胸、中胸、后胸内刺突的有无及各自的发达程度。

【作业与思考题】

①绘制解剖的棉蝗（或东亚飞蝗）中、后胸背板构造图，并注明各部分名称。

②简述昆虫的胸部和头部构造、功能各有什么特点。

③棉蝗（或东亚飞蝗）的具翅胸节与前胸在构造与功能上有何异同？

④简述具翅胸节的背板与腹板在构造上有何不同。

实验六 昆虫胸足和翅的基本构造及类型

【目的】
①了解昆虫胸足的基本构造及其类型。
②了解昆虫翅的基本构造，脉序及翅的变化类型。
【材料】棉蝗（或东亚飞蝗）、蝉、蟓、蜉蝣、草蛉、金龟子、雌雄天蛾（或黏虫）、虻、家蝇、螳螂、蜜蜂、蜻蜓等液浸标本；步甲足、棉蝗（或东亚飞蝗）后足、蝼蛄前足、螳螂前足、龙虱或仰泳蝽后足、雄性龙虱前足和蜜蜂后足等各类昆虫的足及玻片标本；石蛾、夜蛾和小蜂的翅玻片等；棉蝗（或东亚飞蝗）、金龟子、蝶、蟓、石蛾、蜜蜂和家蝇等翅的类型针插展翅标本。
【用具】解剖镜及常用解剖用具。
【内容与方法】
1. 观察昆虫胸足的基本构造和类型
（1）胸足的基本构造（《普通昆虫学》，图 3-13）
①观察棉蝗（或东亚飞蝗）的前足，它是由_____节、_____节、_____节、_____节、_____节和_____节组成。基节较_____，以膜与胸部相连，上缘有一个关节窝与侧基突支接；转节是很_____，略呈筒形；腿节往往是足的最_____的一节，呈长筒形；胫节为_____形，其腹面有两列刺，胫节可以折贴于腿节之下；跗节位于胫节末端，分为_____节，第 1 节和第 3 节长，第 2 节较短，各节腹面有成对的肉质跗垫、第 1 跗节下面有_____对跗垫；前跗节包括_____对爪和_____个中垫。
②观察蜻蜓的胸足，注意它的转节分为_____节。
③跗节在各类昆虫中变化较大，可以有 2~5 个节，在同种昆虫的 3 对足中，其跗节的数目也可以不同。观察步甲的跗节式为_____、拟步甲的跗节式为_____。
④前跗节的变化也很大。观察棉蝗、虻、家蝇和螳螂是否有爪间突或爪垫。
（2）胸足的类型（《普通昆虫学》，图 3-14） 观察下列昆虫的足，并写其足的类型：①步甲或蟓的足是_____足；②棉蝗（或东亚飞蝗）或跳甲的后足是_____足；③蝼蛄和金龟子前足是_____足；④龙虱或仰泳蝽的后足

是_____足；⑤雄性龙虱前足是_____足；⑥蜜蜂的后足是_____足；⑦螳螂前足是_____足。

2. 观察昆虫翅的基本构造和类型

(1) **翅的基本构造**(《普通昆虫学》,图 3-18) 以棉蝗(或东亚飞蝗)的后翅为材料观察翅的 3 缘(即前缘、外缘、内缘或后缘)、3 角(即肩角、顶角和臀角)、3 褶(基褶、臀褶、轭褶)、4 区(腋区、臀前区、臀区和轭区)。

棉蝗(或东亚飞蝗)的后翅很薄、膜质和透明,两层膜间的翅脉清晰可见。注意翅的厚薄和翅脉分布的稀密程度在翅的前缘与后缘、翅基与翅尖有何差别。这与飞行的功能有何关系?

(2) **翅的关节**(《普通昆虫学》,图 3-23) 取蝗虫 1 头,将其固定于蜡盘中,把翅展开,用水淹没,置于解剖镜下进行观察。

①腋片:观察第 1 腋片、第 2 腋片、第 3 腋片和第 4 腋片它们各自的形状和彼此之间的关系。

②中片:用镊子夹住翅,让其向前和向后移动,即使翅展开或折叠,这时可见在翅基的中部,有两块骨片沿 1 膜质带向上竖立,这 1 膜质带就是基褶(或中片缝),其前面的 1 块骨片是外中片,内面的 1 块骨片为外中片。昆虫的翅在折叠时,两中片沿基褶向上竖立。翅展开时,两中片平展。

(3) **脉序及其变化**

①观察石蛾脉序:取石蛾(毛翅目)的前翅玻片标本,对照《普通昆虫学》图 30-122 于解剖镜下观察,辨认各条纵脉及横脉,并与较通用的假想脉序对照,牢记较通用的假想脉序各脉名称及位置。

②翅脉的增多:观察蜉蝣或脉翅目褐蛉的翅脉,R 脉出现很多分支,并在外缘分叉。蜉蝣的翅脉在 R_3 与 R_{4+5} 之间加插 1 条纵脉 IR_3(《普通昆虫学》,图 3-21a、c)。在蜻蜓的 R_2 和 R_3 后面的加插脉 IR_2 和 IR_3。在棉蝗(或东亚飞蝗)前翅中室里的中闰脉等。

③翅脉的减少:主要是翅脉的合并与消失两类。如蝶、蛾后翅的 Sc 与 R_1 合并为一条脉,称为 $Sc+R_1$,Rs 不分支,M 的中干消失(《普通昆虫学》,图 3-21B)。膜翅目与双翅目昆虫的翅脉都有不同程度的合并与消失。小蜂的前后翅都只有 1 条翅脉(《普通昆虫学》,图 3-21e、f)。

(4) **翅的类型**(《普通昆虫学》,图 3-19) 观察下列昆虫的翅,并写出其翅的类型:①棉蝗(或东亚飞蝗)的前翅为_____翅;②金龟子的前翅为_____翅;③蝽的前翅为_____翅;④蜜蜂的前后翅为_____翅;⑤石蛾的前后翅为_____翅;⑥天蛾或其他鳞翅目成虫的翅为_____翅。

(5) **翅的连锁器**(《普通昆虫学》,图 3-22)

①观察蝉的前翅后缘有一段向下的卷褶，后翅前缘有一段短而向上的卷褶。起飞时，前翅向前平展，与后翅钩连在一起，形成翅褶连锁；当前翅向后回收，覆盖于体背上时，两卷褶自动脱开。

②观察蜜蜂的前后翅，前翅后缘有一段向下的卷褶；后翅前缘中后部有1列向上弯的小钩，称翅钩列。小钩连在前翅的卷褶上，形成翅钩列连锁。

③以天蛾为材料，观察其翅上的翅缰和翅缰钩。翅缰是由后翅前缘基部发出的一根或几根较粗大的硬鬃；翅缰钩位于前翅下面，是由翅脉上的一簇毛或鳞片所形成。翅缰穿插在翅缰钩内，即形成翅缰连锁器。注意比较雄蛾与雌蛾翅缰的数目、粗细、长短及翅缰钩的位置有何不同。

【作业与思考题】

①绘制实验中你所观察的石蛾前翅脉序图，注明各脉的名称，并与理想翅脉比较，简述二者之间的异同点。

②熟记较通用的假想脉序图及各脉的名称。

实验七　昆虫腹部的基本构造及其附肢

【目的】
①了解昆虫腹部的一般构造和变化。
②掌握昆虫腹部的附肢、外生肢器官的一般构造。

【材料】棉蝗（或东亚飞蝗）、雌蝉、雄蝉、蜻、蚜虫、蜉蝣、蜻蜓、蟋蟀、金龟子、石蛃（或衣鱼）、蠼螋、螽斯、泥蜂、家蝇以及家蚕（或黏虫）幼虫和叶蜂幼虫等的液浸标本；原尾虫、跳虫的玻片标本；石蛃（或衣鱼）、蜉蝣稚虫、蚁后和鱼蛉幼虫等的示范标本。

【用具】解剖镜及常用解剖用具。

【内容与方法】
1. 观察昆虫腹部的一般构造（《普通昆虫学》，图 4-1）

（1）昆虫腹部的形状　观察下列昆虫腹部的形状：①棉蝗（或东亚飞蝗）的腹部为_____形；②蜻和虱的腹部为_____形；③蚤的腹部为_____形；④蜻蜓的腹部为_____形；泥蜂的腹部为_____形；⑤蚜虫的腹部为_____形。

（2）昆虫腹部的节数　观察下列昆虫腹部的节数：①棉蝗（或东亚飞蝗）的腹部为_____节，从背板可见_____节，从腹板可见_____节，并比较雌雄个体有何不同；②青蜂幼虫的腹部为_____节；③金龟子腹部腹板可见腹节为_____节；④泥蜂腹部可见腹节为_____节。

（3）气门　观察家蚕（或黏虫）幼虫、蝉和金龟子的腹气门，它们各有几对？分别着生在什么位置？

（4）听器及发音器
①观察棉蝗（或东亚飞蝗）腹部第 1 节两侧的 1 对听器，其外面为听膜，内面有数个听体等（详见实验十五）。
②观察蝉的听器及发音器（《普通昆虫学》，图 30-22b），蝉类的雌、雄性个体的腹部第 1 节都高度特化形成听器。雄蝉腹部腹面有两块盾形板（即音盖），从后足基部后方伸出，直达第 2 腹节的后端（有些种类可伸到第 3、第 4 腹板）。掀开音盖，可见到听膜。膜的下方有 1 个大气囊。雌蝉听器的结构与雄蝉基本相同，只是音盖较短而窄，掀开音盖，可见到两块狭长的听膜。

雄蝉除了听器外，在听器的侧背面具发音器。

2. 观察昆虫腹部的附肢

(1) 尾须　尾须是腹部第 11 节的附肢。其形状变化很大。

①棉蝗（或东亚飞蝗）的尾须短小，呈刺状，不分节，着生在第 11 腹节转化成的肛上板与肛侧板之间的膜上（《普通昆虫学》，图 4-1）。

②缨尾目与蜉蝣目昆虫尾须细长，呈丝状，分很多节。注意尾须间的 1 根细长多节的中尾丝不是附肢，它是第 11 节背板特化而成的丝状构造。

③蠼螋的尾须硬化呈铗状，可用以御敌和帮助折叠后翅等。

④蜻蜓尾须不分节，长圆锥形。

(2) 腹足　幼虫的腹足是腹部的附肢。腹足的构造与胸足不同，腹足是由亚基节、基节和趾组成，鳞翅目幼虫腹足还具有趾钩。

①观察鳞翅目幼虫腹足的构造：以黏虫或家蚕（或黏虫）幼虫为材料观察鳞翅目幼虫的腹足。鳞翅目幼虫的腹足一般位于腹部第_____至_____节和第_____节上。第 10 节的腹足又称为_____足。在各腹足趾的末端有成排的小钩，称_____。趾钩的排列方式是鉴别鳞翅目幼虫时常用的特征。

②观察膜翅目幼虫腹足的构造：以膜翅目叶蜂幼虫为材料，观察其幼虫的腹足。在叶蜂幼虫腹部第 2~8（或 7）腹节和第 10 腹节上各有 1 对腹足。腹足末端有趾，但无趾钩。这是与鳞翅目幼虫区别的重要特征。

(3) 观察其他附肢

①石蛃目或衣鱼目昆虫的第_____至_____腹节上各有 1 对附肢。每 1 附肢包括 1 块位于侧腹面的肢基片和着生在肢基片端部外侧可活动的针突及其内侧的 1~2 个可以伸缩的泡。

②蜉蝣稚虫的第 1~7 腹节两侧具气管鳃，着生在背板与腹板间的骨片上（观察示范标本）。

③广翅目幼虫的腹部具有 7~8 对气管鳃。气管鳃是水生昆虫的呼吸器官。

④毛翅目的幼虫腹部第 10 节有 1 对具爪的"臀足"（《普通昆虫学》，图 4-22）。

【作业与思考题】

①绘制家蚕（或黏虫）幼虫侧面观图，示体节、气门和足的位置。

②回答实验中所提出的问题。

③昆虫腹部与胸部在构造上有哪些不同之处？其构造与功能有什么关系？

④鳞翅目幼虫与膜翅目叶蜂幼虫的主要区别特征是什么？

实验八　昆虫外生殖器的基本构造

【目的】
①掌握昆虫雌、雄外生殖器的基本构造。
②了解部分目昆虫雌、雄虫外生殖器的变异特点。

【材料】棉蝗（或东亚飞蝗）、天蛾（或黏虫）雌、雄个体及雄金龟甲和雌蝉；10%KOH。

【用具】解剖镜及常用解剖用具。

【内容与方法】

1. 解剖观察昆虫的雌外生殖器

（1）以棉蝗（或东亚飞蝗）为代表，参见《普通昆虫学》图 4-5，观察直翅目昆虫产卵器的构造特点

①取雌性棉蝗（或东亚飞蝗）1头，先观察腹部末端坚硬而发达的2对产卵器，其中背面的1对产卵瓣为背瓣，腹面的1对为腹瓣。背瓣和腹瓣是否都是腹部的附肢？在产卵时有什么作用？内瓣很小，从外面根本看不见，只有用镊子将背、腹两瓣分开，才可见到内面的1对小突起，即内瓣，它是腹部第_____节的附肢。

②将棉蝗（或东亚飞蝗）的腹部末端腹面向上，用镊子将腹瓣轻轻拨开，即可看到两瓣的中间有1狭长的三角形骨片，即导卵器。在导卵器的基部有1小孔，即产卵孔，卵由此产出，经导卵器导入土中。

（2）以雌蝉为代表，了解同翅目昆虫的产卵器（《普通昆虫学》，图 4-6）

①取雌蝉1头，从腹面观察，在腹部端部可见到1根深色的刺状产卵器。

②先用解剖针从产卵器基部轻轻挑动一下，既可把它们挑出来。然后解剖镜下观察腹瓣和内瓣在构造上有何差异？二者是如何嵌接的？它们是不是腹部的附肢？是哪一腹节的附肢？

③观察背瓣位置和形状，试述其构造和功能有什么关系。

（3）以鳞翅目天蛾为代表观察昆虫的伪产卵器（《普通昆虫学》，图 4-10）取新鲜（或用碱水处理过）的天蛾1头，置于蜡盘中，用镊子轻轻压挤腹末，可见1管状突起伸出，即伪产卵器。

2. 解剖观察昆虫的雄外生殖器

(1) 以雄棉蝗(或东亚飞蝗)为代表，解剖观察直翅目昆虫的雄外生殖器(《普通昆虫学》，图 4-12、图 4-13)

①取雄性棉蝗（或东亚飞蝗）1 头，观察腹部末端呈船形的下生殖板，它是由第 9 腹板形成。下生殖板里面的膈膜形成生殖腔的底膜，生殖腔的膜质背壁由第 10 腹节的腹板形成，外生殖器就在这个生殖腔内。生殖腔的上面是肛上板及尾须。

②用解剖剪剪下雄棉蝗（或东亚飞蝗）的腹末几节，放入盛有 10%KOH 溶液的烧杯中。在酒精灯或电炉上加热 20min 左右，使虫体变软为止，然后取出先用清水冲去碱液，待观察。

③取出清洗好的雄蝗腹末标本，用手轻轻压挤，同时用镊子夹住下生殖板轻轻往下拉，直到雄外生殖器各部分均从生殖腔中拉出为止，然后将其背面向上，用大头针固定于蜡盘中，加水淹没，置于镜下进行观察。

(2) 以天蛾(或黏虫)为代表，观察鳞翅目昆虫的雄外生殖器(《普通昆虫学》，图 4-17) 取雄天蛾（或黏虫）1 头，将腹部末端几节剪下，放入 10%KOH 中煮 10～15min，取出冲洗，去掉体壁等，放在镜下进行观察。

【作业与思考题】

①绘制解剖的天蛾（或黏虫）雄性外生殖器后面观图，并注明各部分名称。

②简述本实验中所观察的几类昆虫的产卵器、交配器与模式构造的异同点。

实验九 昆虫生物学

【目的】
①掌握昆虫几种主要变态类型。
②了解昆虫卵的类型。
③了解昆虫蛹的基本构造和类型。
④掌握昆虫幼虫的类型。
⑤了解昆虫雌雄二型和多型现象。

【材料】蝗虫、螟虫（或家蚕）、芫菁的生活史标本；菜粉蝶、蝽、稻螟蛉、天蛾、红铃虫、棉金刚钻、草蛉、三化螟、二化螟（或玉米螟）、蜚蠊的卵；地老虎、蝴蝶、家蝇、天牛、瓢虫的蛹；家蚕、刺蛾、小茧蜂的茧；蝇蛆、叶蜂、蛴螬的幼虫；蓑蛾、白蚁、犀金龟；棉铃虫1号蛹、2号蛹等。

【用具】解剖镜及常用解剖用具。

【内容与方法】

1. 变态类型（《普通昆虫学》，图7-3、图7-5、图7-6）

（1）不全变态　以蝗虫为材料，观察不全变态的一个世代。蝗虫的一生经过_____、_____和_____三个虫态。若虫与成虫在形态和习性上有哪些差异？

（2）全变态　以螟虫（或家蚕）为材料，观察全变态的一个世代经过_____、_____、_____和_____四个虫态。幼虫与成虫在形态和习性上有哪些差异？主要危害虫态是哪一个？

（3）复变态　以芫菁为材料，观察复变态类昆虫的主要特点是。

2. 观察卵的类型（《普通昆虫学》，图6-2）

①菜粉蝶的卵为_____形；②蝽的卵为_____形；③稻螟蛉的卵为_____形；④天蛾的卵为_____形；⑤红铃虫的卵为_____形；⑥棉金刚钻的卵为_____形；⑦草蛉的卵为_____形；⑧三化螟的卵为_____形；⑨二化螟的卵为_____形；⑩蜚蠊的卵为_____形。

3. 观察昆虫蛹的基本构造和类型（《普通昆虫学》，图30-127）

（1）观察蛹的基本构造　以小地老虎的蛹为材料，观察昆虫蛹的基本构造。

(2) 观察蛹的性别 以小地老虎的蛹为代表，观察鳞翅目昆虫雌、雄蛹的区别。在一般的情况下，雌蛹腹部第 8~9 节后缘向前弯曲，生殖孔在腹部第 9 节后缘的中央。雄蛹腹部第 8~9 节后缘不向前弯曲，生殖孔在第 9 腹节腹板的中央。肛门位于第 10 节腹板中央。

简单地鉴别鳞翅目昆虫雌、雄蛹，可采用以下两种方法：

方法 1：根据雌、雄蛹腹部第 8~9 节后缘弯曲的情况可区别雌、雄蛹。第 8~9 节后缘弯曲的为雌蛹，平直的为雄蛹。

方法 2：根据雌、雄蛹的生殖孔和肛门之间的距离远近区别雌、雄蛹。雌蛹生殖孔和肛门之间的距离比较远，雄蛹生殖孔和肛门之间的距离比较近。

4. 蛹的类型（《普通昆虫学》，图 7-9）

(1) 被蛹 被蛹的触角、足和翅紧贴于身体上，在体壁上可以透视，但不能动。

(2) 裸蛹 裸蛹（离蛹）的触角、足和翅裸露在体外，不紧贴于身体上，可以活动。

(3) 围蛹 就蛹体来说是离蛹，是蛹体被有最后两龄幼虫蜕下的表皮所形成的一个角质化的桶形外壳。

根据以上所述的各类型蛹的特点，观察下列所给的蛹，它们各属于哪一类型？

①瓢虫的蛹是_____蛹；②家蝇的蛹是_____蛹；③天牛的蛹是_____蛹；④蝴蝶的蛹是_____蛹；⑤小地老虎的蛹是_____蛹。

5. 观察刺蛾、家蚕、小茧蜂等昆虫茧的形状

6. 观察幼虫的类型（《普通昆虫学》，图 7-7）

①蛆是_____型；②二化螟幼虫是_____型；③蛴螬是_____型；④叶蜂的幼虫是_____型。

7. 观察昆虫雌雄二型和多型现象 以蓑蛾与犀金龟的雌雄个体、白蚁标本为代表，观察昆虫雌雄二型和多型现象。

8. 观察昆虫胚胎发育玻片（示范）（《普通昆虫学》，图 6-3~图 6-13）

【作业与思考题】

①回答本实验中所提出的问题。

②鉴定所给棉铃虫 1 号蛹、2 号蛹的性别。

实验十 昆虫的体壁及其生理

【目的】
① 了解昆虫腺体的类型。
② 观察体壁的渗透性及其对昆虫生活的影响。

【材料】蝗虫（东亚飞蝗、稻蝗等或蜚蠊的活虫）、刺蛾幼虫、家蚕幼虫、活蝇蛆幼虫、凤蝶幼虫、毒蛾幼虫、黄斑蝽；中性蒸馏水、1％盐酸溶液（用 2.7ml 3.7％的 HCl 加到 100ml 的蒸馏水中）、Na_2CO_3、KOH、Bogen pH 指示剂、煤油、95％酒精。

【用具】解剖镜及常用解剖用具。

【内容与方法】

1. 观察腺体的类型　腺体是由皮细胞特化或由外胚层内陷而成的。

（1）**单细胞腺**　由一个细胞所形成的腺体。如刺蛾幼虫的体毛、枝刺。

（2）**多细胞腺**　由许多个体细胞所形成的腺体。

① 凤蝶幼虫前胸上的 1 对臭腺（示范）。

② 毒蛾幼虫腹部第 6 节、第 7 节背板上的翻缩腺（示范）。

③ 黄斑蝽的后胸腹面两中后足之间的外侧表面粗糙的区域即蒸发面上有 1 沟，沟的一端有 1 孔即臭腺孔。

2. 观察昆虫体壁的选择性通透

① 取 3 个小培养皿，分别放入等量的煤油、95％酒精、煤油加 95％酒精。

② 取一定数目、体型大小差不多的活蝇幼虫放入盛有煤油的培养皿中。注意观察当虫体放入煤油中时有何异状。记录从放入到死亡所需要的时间。

③ 采用上述标准选取活蝇幼虫，并将其置入盛有 95％酒精的培养皿中，注意观察当虫体放入酒精中时有何异状。记录从放入到死亡所需要的时间。

④ 采用上述标准选取活蝇幼虫，并将其置于等量煤油与酒精的混合液中，观察并记录上述指标。

⑤ 比较并分析上述 3 种结果，阐述昆虫致死及死亡时间差异的原因。

3. 昆虫表皮渗透性的测定

① 取大型活虫（或液浸标本），如蝗虫（或美洲蜚蠊等昆虫）1 头，先剪去其头部及腹末数节，用镊子轻轻地把消化道从腹部后取出来，并把中肠剪

掉，剩下的嗉囊可放在清水中，清洗其内含物，然后把嗉囊浸入盛有稀 KOH 或浓 Na_2CO_3 溶液的容器中，除去肌肉（此外还可以使用蛋白酶进行处理），注意切勿将嗉囊壁弄破。

②将去掉肌肉的嗉囊取出，先用清水洗取碱液，再用中性蒸馏水清洗数次，然后取出将其一端用毛发扎紧。从另一端插入 1 支特制的玻璃管或去掉橡皮球的滴管，并用毛发扎紧，接着用注射器将 1% 的盐酸溶液从滴管的上端注入嗉囊内，再用中性蒸馏水将嗉囊的外壁清洗数次。

③取 1 个小直管，先倒入中性蒸馏水，再滴入 1~5 滴 Bogen pH 指示剂。

④把装有 HCl 溶液的嗉囊 3/4 浸入管内的蒸馏水中（注意切勿将嗉囊上端也浸入蒸馏水中），观察蒸馏水的颜色是如何在发生变化的（若嗉囊有渗透性，HCl 溶液渗出以后与指示剂相遇即变为绿色）。

【作业与思考题】

①解释活蝇幼虫置于煤油中、酒精中、煤油和酒精等量混合液中先后死亡的原因是什么。

②解释在表皮渗透性测定实验过程中所出现的变色现象。

实验十一　昆虫的内部器官及其位置

【目的】了解昆虫内部器官的位置。

【材料】蝗虫（东亚飞蝗、稻蝗和蝗虫等）、家蚕幼虫、天蛾幼虫（或其他鳞翅目幼虫或横切面玻片）。

【用具】解剖镜及常用解剖用具。

【内容与方法】

1. 以蝗虫为材料解剖观察消化道、生殖器官形状和位置（《普通昆虫学》，图 17-2）

（1）**解剖、取下背壁**　取浸泡的蝗虫 1 头，用清水冲洗干净，先剪掉足和翅，再用解剖剪从腹部末端开始沿气门上线剪至头顶，取下蝗虫的背壁（注意在解剖时，解剖剪尖要略向上，以免损伤内脏）。

（2）**消化道**　将剩下的蝗虫体躯放在蜡盘上，用大头针固定，放入清水浸没虫体，进行观察，消化道是位于虫体中央的 1 条粗细不等的直管。

（3）**生殖器官**　观察在消化道的背面有 1 对卵巢（精巢），侧面 1 对侧输卵管（输精管），中输卵管（输精管）。雄性生殖附腺等位于消化道后部的下方。

（4）**马氏管**　用镊子取下卵巢（精巢），可见消化道和其他组织上有许多淡黄色细丝状长管，形似乱麻，它们是昆虫的主要排泄器官——马氏管，它着生在消化道的中肠和后肠交界处。

（5）**腹神经索**　用镊子将消化道移出，可见虫体腹壁上面有 1 条不太清晰的白（或粉红）色的细丝，不清晰的原因是因为其上覆盖有一层腹膈膜，再用镊子轻轻地将膈膜揭去（注意观察膈膜的构造），即可清楚地见到 1 条白（或粉红）色的、分节的腹神经索，它是昆虫中枢神经系统的主要组成部分。

2. 以家蚕为材料解剖观察昆虫的背血管、呼吸系统和腺体的形状及位置

（1）**背血管**　取活家蚕或浸泡的家蚕幼虫 1 头，观察在其背面正中央有 1 条绿色纵线，即家蚕的背血管。

（2）**呼吸系统**　先用解剖剪沿家蚕背中线剪开，再取大头针将其两侧体壁固定于蜡盘中，然后加入清水浸没虫体，进行观察。在家蚕幼虫的体腔内有许多褐色的树枝状分支的细管，它们均是呼吸系统的气管，注意观察这些气管与气管间以及与气门的关系。

（3）**腺体**　在解剖的家蚕体腔中央有 1 条绿色的粗大消化道，首先观察家蚕的消化道与蝗虫的消化道有哪些不同？然后用镊子将消化道拿走，即可见体腔的两侧各有 1 条长而弯曲的、粗细不一的白色管状物，即丝腺（下唇腺）。

3. 观察体躯横切面（《普通昆虫学》，图 17-1）　用刀片将天蛾幼虫体躯横切（或取 1 片其他幼虫体躯横切面玻片），注意观察以下几个构造。

（1）**消化道**　位于中央的圆孔。

（2）**背血管**　位于消化道的背面，背膈膜的上方，背血窦中央的 1 条直管。

（3）**腹神经索**　位于消化道的下面，腹膈膜的下方，腹血窦的中央。

（4）**呼吸系统**　以气门开口于体壁两侧，气管分布于体内各器官和组织上。

【作业与思考题】

①绘制昆虫内部器官位置的纵切面或横切面图，并注明各部分名称。

②简述蝗虫体内主要器官的相对位置及名称。

实验十二　昆虫的消化系统及排泄器官

【目的】
①了解咀嚼式口器和刺吸式口器两类昆虫消化系统的基本构造。
②观察不同类型昆虫与马氏管着生的位置和几种昆虫马氏管的数目。

【材料】蝗虫、麻皮蝽、家蚕、活蛴螬、肠壁切片、活黄粉甲幼虫等；中性红0.5%、生理盐水（0.65%NaCl溶液）。

【用具】解剖镜、常用解剖用具及注射器。

【内容与方法】

1. 观察咀嚼式口器昆虫的消化系统　消化系统是由消化道和与消化有关的唾腺组成。现以蝗虫为代表观察咀嚼式口器昆虫消化系统的基本构造。

（1）观察消化道的一般构造（《普通昆虫学》，图19-1）　取蝗虫1头，先剪去翅和足，再从昆虫体躯两侧由尾部至头部剪开，揭去胸腹背板（注意保留腹板待用）。然后用解剖剪平剪头顶，并掰开头部，将整个消化道取出，置于蜡盘中，用水淹没，放于镜下进行观察。

①蝗虫的消化道一般比较粗大，从前至后依次为前肠（口、咽喉、食道、嗉囊、前胃）、中肠（胃盲囊）、后肠（回肠、结肠、直肠、肛门），观察各部分的外形，并比较它们外形上有什么差异。

②在蝗虫的前肠与中肠交界处，外面着生有＿＿＿＿＿＿＿个胃盲囊，并观察胃盲囊的形状和分布情况。

③在蝗虫的中肠与后肠交界处，外面着生有＿＿＿＿＿＿＿（棉蝗有250多条），几乎分布于整个消化道上，用镊子轻轻拨动，观察其着生处及分丛情况。

（2）观察消化道的内部构造（《普通昆虫学》，图19-3）

①先将蝗虫消化道纵向剪开，用针固定于蜡盘中，然后用清水洗净消化道内的食物，待观察。

②在蝗虫前肠的内壁上有各种形状的齿状构造。如棉蝗食道部分的表皮很薄，常纵折。在嗉囊内壁前端宽大处左右两边各有1个椭圆形区域，每椭圆形区域分别由6～9条略呈弧的脊组成，每条脊上着生有1～4列不规则的小齿。除此之外，嗉囊壁的其余部分也均有许多近似于平行的横脊，其上也着生有单列的小齿。前胃（砂囊）上也有许多具齿的纵列脊纹。前胃的后端内壁具有深

褶，形成 6 个 V 形的骨化纹，即贲门瓣。

③中肠不分段，其内无特殊的构造，6 个胃盲囊开口于其内。

④后肠由回肠、结肠和直肠组成。其前端与中肠交界处有开口于肠腔的马氏管，后段有突入肠腔的幽门瓣，后肠的回肠和结肠内壁有较深的褶。直肠内有直肠垫。

(3) **唾腺** 蝗虫的唾腺位于消化道前端的腹下方。将已取走消化道的蝗虫胸、腹板置于蜡盘中，用清水淹没，放在解剖镜下，小心将胸腹板上面的腹膈膜去掉，可见到像葡萄串一样的组织结构，即为蝗虫的唾腺。

2. 观察咀嚼式口器昆虫消化的变异 以家蚕为代表解剖观察咀嚼式口器昆虫消化的变异情况，并注意观察马氏管的数目及着生位置。

3. 观察刺吸式口器的消化道构造

(1) **解剖观察麻皮蝽的消化道**(《普通昆虫学》，图 19-12) 取活麻皮蝽 1 头，先剪去翅和足，然后自虫体的两侧剪开，去掉背板（注意不要将其内脏气管带走）。然后固定于蜡盘中，用清水浸没。在解剖镜下进行观察。

①首先观察麻皮蝽体内许多银白色的气管、气囊和许多白色片状或颗粒的脂肪体。

②用镊子和解剖针轻轻将气管和消化道分离，同时将消化道慢慢拉直，边拉边用针将其固定于蜡盘上，在整个解剖过程中小心移动盛有水的蜡盘，以防消化道在水中摆动而断开。

③观察消化道前端较粗大的一段，即第一胃；第一胃后面细长部分是第二胃；膨大呈球状的部分是第三胃；最后细长的部分第四胃，其上有四根较粗的胃盲囊，马氏管着生在第四胃后面膨大的球状体上。最后较粗大的部分为直肠。

(2) **解剖观察蚱蝉的消化道**(《普通昆虫学》，图 19-12) 取 1 头蚱蝉，用解剖麻皮蝽的方法将蚱蝉的背壁去掉，置于蜡盘中，在解剖镜下进行观察。

①小心地将消化道周围的腺体和脂肪体等移除，首先观察消化道在体腔的位置。

②解剖观察滤室，注意滤室是如何形成的。

③解剖观察消化道的各个组成部分，注意各自的形状及构造特点。

④注意马氏管是自滤室通过的，它有几条？着生在什么地方？

4. 观察消化道的组织结构 取已制好的肠壁切片（《普通昆虫学》，图 19-2），在显微镜下观察其组织结构。

5. 消化道组织结构观察（《普通昆虫学》，图 19-2，图 19-6，图 19-10） 取蝗虫前肠、中肠和后肠横切面玻片，观察比较前肠、中肠和后肠三段组织结构异同点。

6. 观察马氏管

（1）观察马氏管的数目　在以上的解剖中家蚕幼虫的马氏管是_____根，麻皮蝽_____根，而蝗虫则很多（棉蝗有250多根）。

（2）观察马氏管颜料排泄试验　以活黄粉甲幼虫为材料，将0.5%中性红注入虫体内，静放0.5h后用解剖剪自虫体两侧剪开，固定于盛有生理盐水的蜡盘中。观察马氏管是何颜色？是何原因？隔一定的时间后再观察，马氏管为何颜色？是何原因？

【作业与思考题】

①绘制蝗虫消化道外部构造（分段）图，并注明各部分名称。

②绘制实验中所解剖的麻皮蝽消化道外部构造（分段）图，并注明各部分名称。

③简述在观察马氏管颜料排泄试验中为什么要用生理盐水。

实验十三 昆虫的循环系统及血细胞

【目的】
①了解昆虫背血管的基本构造及血液的循环途径。
②观察血细胞的形状。

【材料】活蜚蠊或活蝗虫、活黄粉甲幼虫、活蚊幼虫（孑孓）；瑞氏（Wright's）染色剂液（用瑞氏粉0.1g研磨后加100ml甲醇，放一周以后待用，或酸性品红）、生理盐水、蒸馏水等。

【用具】解剖镜、常用解剖用具及有凹面的载玻片。

【内容与方法】

1. 观察昆虫心脏跳动的速率及血液在背血管中的流向

①将活蜚蠊置于软木板上，把前、后翅分开于虫体的两侧并固定，使中胸露于上，心脏即位其下（注意勿伤虫体），将虫体放在解剖镜下，头端向内，观察心脏跳动，记录每分钟跳动次数，血液的流向如何？背板后方中部的中胸搏动器搏动是否有节奏？

②再取1头活蜚蠊，将翅展开，用透明胶带将其固定（不要太紧）在载玻片上，置于低倍显微镜下，观察血液在翅脉中的流动情况。

2. 观察昆虫的辅搏动器 取1头浅色蚜虫置于载玻片上，先加1滴清水，再将盖玻片轻轻盖上，然后放在低倍显微镜下观察，在蚜虫足的胫节基部侧面，可见有1个辅搏动器正在搏动。

3. 观察昆虫背血管的构造 取下活蜚蠊沿体躯两侧剪开，用镊子将蜚蠊置于盛有生理盐水的蜡盘中，掀去背壁部分，并使背壁的腹面向上，然后在镜下进行观察，在头、胸部内是较短的1段动脉直管，心脏包括许多连续的心室，每个心室略膨大，心室腹面的两侧附有三角形排列的翼肌，并可以见到背心管下的1层背膈。

4. 观察昆虫的血细胞类型（《普通昆虫学》，图20-6）

(1) 染色　先擦净载玻片，取活黄粉甲幼虫1头，将其腹足剪断1只，将流出的淡黄色血液滴1滴于载玻片的一端，用另1玻片置于血滴边缘，并将其向前推移形成血液膜，让其自行风干。在干固的血膜上，滴1~2滴瑞氏染色剂。染色1min左右。再用1~2滴蒸馏水稀释。再染色2~3min。待液面有黄色金属光泽,说明染色已完成。

(2) 观察血细胞的类型　用蒸馏水冲洗载玻片,血膜则呈粉红色,待其自然干燥后,即可在显微镜下观察血液涂片上血细胞的类型。

①原血细胞:是最小的血细胞,数量较小,圆形,大小均一,有较大的细胞核,其细胞质可用碱性染料着色。

②浆细胞:是多形的血细胞,充满细微颗粒的嗜碱性血细胞,往往随幼虫龄期增长,细胞质中出现液泡,是许多昆虫中的一类主要血细胞,有吞噬作用。

③多颗粒细胞:细胞质内充满透明圆形、大小一致的颗粒状结构,也具有吞噬作用。

④类降色细胞:圆形或球形,细胞质浓厚具有强嗜酸性,核不清晰,但有时细胞质薄,核偏离中央,无吞噬作用。

5. 观察昆虫心脏搏动与温度的关系

①将清水注入玻片的凹槽处,并放入活蚊幼虫1头于水中,放在扩大镜下,观察及记录在室温条件下心脏在5～10min内(或3～5min内)跳动的次数,记录。如时间许可,可以重复做1～2次。

②把载有活蚊幼虫的玻片放在温台下加热,温度每升高5℃,测定心脏在此温度下每5～10min(或3～5min)内跳动的次数,如此使温度升至38～40℃时停止,记录各温度段内活蚊幼虫的心跳次数。

③将上述记录换算成在各种温度下心脏每分钟内跳动的次数。

【作业与思考题】

①简述昆虫背血管、肌翼、背膈膜三者的位置相互关系。

②昆虫血液循环的主要功能是什么?

③绘制心脏跳动的速度与温度的关系图。

实验十四　昆虫的呼吸系统及呼吸生理

【目的】
①观察昆虫呼吸系统的基本构造及其变异。
②了解昆虫呼吸器官的功能。

【材料】活蝗虫（东亚飞蝗、稻蝗或棉蝗）、家蚕幼虫、水龟虫、活蚊幼虫（孑孓）、蓑蛾幼虫、蝇类幼虫、蝎蝽、仰泳蝽、蜻蜓（豆娘）稚虫等；凡士林、5%～10%KOH 溶液等。

【用具】解剖镜、常用解剖用具及滴管、软木板。

【内容与方法】

1. 昆虫气门开闭的观察　取活蝗虫 1 头，放在软木板上，伸展其翅和足，并固定，使之静止不动，于双目镜下观察虫体两侧的气门开闭情况和速率。

用凡士林涂塞虫体一侧的气门，以阻止气流的进出。观察另一侧气门开闭情况，其速率是否有变异？记录并解释。

2. 昆虫气管及其搏动的观察　取活蚊幼虫 1 头，置于玻片的凹孔中，先在解剖镜下观察气管的位置，再加 1 滴清水，使幼虫被水淹没，然后观察气管的搏动情况及其向外开口的位置。

3. 昆虫气管系统及其在体内位置的观察（《普通昆虫学》，图 22-9）

（1）气门　以家蚕幼虫为材料，观察气门生在哪些体节上，共几对？与蝗虫气门着生的位置和数目有何不同？

（2）气管系统　取家蚕幼虫 1 头，先剪去头部和尾部。再从背面剪开 1 条裂口，放入盛有 5%～10%KOH 溶液的烧杯中，加热煮沸后，再用微火维持数分钟，待体内肌肉全部溶解后，取出虫体用自来水冲洗，直到虫体全部透明为止，将标本放在盛有清水的培养皿中，置于解剖镜下观察：

①气管丛：在虫体两侧每个气门内的一丛分叉的黑褐色的气管，即气管丛。

②气门气管：位于气管丛和气门之间一段粗短的气管，家蚕气门气管较短。

③侧纵干管：是连接所有气门气管的 1 条纵行气管。

④观察每一个气管丛的 3 个分支，2 个连锁。

A. 背气管：伸向背面的气管，其分支伸入背面的体壁肌和背血管等器官和组织上。

B. 内脏气管：伸向体中央的气管叫内脏气管，其分支分布于消化道、腺体、生殖气管等上。

C. 腹气管：伸向腹面的气管，其分支分布于腹壁肌和腹神经索上。

D. 背气管连锁：背部左右两相对的气管相连，叫背气管连锁。家蚕的第1胸节和第8腹节背面各有1条背气管连锁。

E. 腹气管连锁：腹部左右两相对的气管相连，叫腹气管连锁。注意观察家蚕有无腹气管连锁。

4. 观察昆虫气管的螺旋丝和气囊（《普通昆虫学》，图22-8）

（1）**螺旋丝**　取1段较粗的气管，置于镜下观察其上的黑色螺旋丝，用镊子将其1端拉动，可拉出1根细长螺旋丝。

（2）**气囊**　是气管的膨大部分，解剖观察活蝗虫体内或麻皮蝽的白色气囊。

5. 观察昆虫气门的构造（《普通昆虫学》，图22-7）

（1）**内闭式气门**

①过滤机构的观察：用解剖剪剪下1个家蚕幼虫的腹气门，放在镜下观察外壁四周有一圈暗棕色的围气门片，中央凹陷，即气门的开口。其上密生黄棕色的细毛，形成栅状的过滤机构。

②内闭机构的观察：

方法1：把已剪下来的气门内壁向上，置于镜下用镊子将气管丛小心取下，在气管丛或气门内壁上可见到闭弓、闭杆、闭带、闭肌、开肌等一系列开闭机构。

方法2：用镊子夹住家蚕幼虫近气门附近的体壁，小心地将气门撕下。然后将其内面向上，放在载玻片上，滴1滴清水，置于镜下观察其开闭机构。注意若在撕下的气门内壁上找不到气门的开闭机构时，应立即返回寻找刚刚取气门的气管丛，再在气管丛上寻找气门的开闭机构。

（2）**外闭式气门**　外闭式气门由唇瓣、垂叶和闭肌组成。观察时首先将蝗虫后胸气门剪下，外壁向上，在镜下观察其外面有2片隆起的唇状骨片，即唇瓣。它是用以关闭气门开口的机构。唇瓣下面有1块骨片为垂叶。然后再将其内壁向上，观察在垂叶上着生的1条闭肌，闭肌的伸缩可使唇状骨片开闭。

（3）**蝇类及蓑蛾幼虫气门观察**　观察蝇类幼虫腹部末端的气门板及裂隙；蓑蛾幼虫前胸横气门的C形气门（示范）。

6. 昆虫呼吸器官的变异

①观察蜻蜓稚虫、蝎蝽腹部末端的呼吸管。

②水龟虫的鞘翅与腹部背板间形成空室,在腹部背壁两侧有气门与气室相通,以便使气室内气体进入体内。

③仰泳蝽腹部的腹面有两条纵沟,沟两壁满生疏水毛,形成两条通气的管道,气门位于两纵沟内。

④蜻蜓稚虫的直肠鳃(示范)。

⑤观察活蚊幼虫(孑孓)体躯内的背气管纵干和腹部末端的呼吸管。

【作业与思考题】

①绘制解剖的家蚕幼虫内闭式气门构造图,并注明各部分名称。

②简述昆虫气门的构造与适应外界环境的关系。

实验十五　昆虫的神经系统及感觉器官

【目的】
①掌握昆虫中枢神经系统的基本构造。
②了解昆虫的几种感觉器官的形状及其结构。
【材料】家蚕幼虫、蝗虫、雄蝉、小地老虎（或黏虫）、蟋蟀、蚜虫、蜜蜂、豉甲、雄牛虻、复眼纵切面玻片等。
【用具】解剖镜及常用解剖用具。
【内容与方法】
1. 观察蝗虫的中枢神经系统　昆虫的中枢神经系统是由昆虫的脑、体神经节及连接各神经节的神经索和各神经节上所发出的分支组成。现以蝗虫为例进行解剖观察。

(1) **解剖观察蝗虫脑的组成及各自所发出的神经**（《普通昆虫学》，图24-2）　取蝗虫1头，先剪去足和翅，并用解剖剪在复眼四周剪1圈，然后将头壳剪多个裂口，（剪头壳时注意单眼的位置）再用镊子将复眼外壁和头壳轻轻撕去，最后把头部固定在蜡盘内加水淹没，在镜下小心地撕去头部的所有肌肉（撕去肌肉时特别注意不要把单眼柄当成肌纤维拿掉），以便观察脑的组成。昆虫的脑是由前脑、中脑、后脑愈合而成的。

①前脑：位于脑的背上方，略似1对球状体，由此发出的单眼神经与单眼相连，称单眼柄，单眼柄3个。在前脑两侧各着生1个半球形的视叶。注意观察单眼的形状和视野的颜色。

②中脑：位于前脑的前下方，小于前脑，其上有1对伸向侧前方的触角神经。

③后脑：位于中脑的下后方，向侧下方发出若干对神经，其中最主要的神经是围咽神经。

(2) **解剖观察蝗虫体神经节及各自所发出的神经**（《普通昆虫学》，图24-3，图24-4）　用解剖剪从蝗虫的腹部末端沿背中线剪至前胸的前缘，然后由剪口处把体壁分开并固定于蜡盘内，先用镊子除去生殖器官。再加入清水置于解剖镜下进行观察。

①解剖观察蝗虫咽下神经节及各自所发出的神经：在解剖镜下首先可见到

的是食道上面包围着食道的围咽神经。先将嗉囊前段及直肠末端剪断，留下食道，去掉已剪断的消化道。然后，轻轻地将剩下的食道从围咽神经中拉出。这时可见到位于幕骨桥下面的咽下神经节。用解剖剪将幕骨桥的两侧各剪一刀，去掉中间部分幕骨桥，则可见1个较大的白色或粉红色的咽下神经节，若用解剖针轻轻挑动，即可看到咽下神经节上有3对神经分别通向上颚、下颚及下唇，所以一般地说咽下神经节是上颚节、下颚节和下唇节3个体节神经节的愈合。

②解剖观察蝗虫胸腹神经节及各自所发出的神经：首先在解剖镜下用镊子仔细地将胸部和腹部神经节两侧的肌肉、脂肪体和腹膈膜等组织移去。再小心地倒掉蜡盘内的脏水，换用清水，并淹没虫体，然后放在解剖镜下进行观察。此时可见到蝗虫胸部三对神经节，其中后胸神经节较大，这是因为该神经节是由后胸神经节和腹部1~3腹节神经节愈合而成的。

在蝗虫的腹部可见神经节有5对，而位于第8腹节的神经节也是比较大的，由此发出的神经也比较多，这是因为它是由腹部第8、第9及第10腹节3对神经节的愈合，故又叫复合神经节。其他各神经节上都有2~3根侧神经发出，分别控制本体节的附肢和肌肉等活动。

③观察蝗虫的神经索：连接脑、咽下神经节、胸神经节和腹神经节各神经节前后的纵向神经，即神经索。

2. 观察家蚕的中枢神经系统

（1）解剖观察家蚕的脑及各自所发出的神经　用解剖剪仔细地在虫体头顶平剪，然后在镜下用解剖针将头部两侧拨开固定，在镜下进行解剖（方法同蝗虫解剖）观察。

①可见白色的脑体，在脑的前端可见到额神经节，将食道向上拉动，可在食道下见到咽下神经节，有围咽神经索与脑相连，左右脑则由围咽神经索连接在咽下（食道下）神经节上，可见3对神经发出，分别通至上颚、下颚和下唇，故又称为颚神经节。

②食道管上面包围着食道的围咽神经，将食道掀上去，或轻轻拉掉，用解剖剪将幕骨桥的中间部分剪去，则可见1白色的咽下神经节，上有3对神经分别通向上颚、下颚及下唇。

（2）解剖观察家蚕的体神经节及各自所发出的神经　用解剖剪自家蚕幼虫两侧气门上线剪开，除去背壁，将剩下的虫体用针固定于蜡盘上，再用解剖剪自食道处及直肠末端剪断，并用镊子取掉消化道及丝腺，轻轻用水冲洗干净，以便观察。

①在镜下仔细地将腹神经索两侧的腹纵肌和表面的脂肪体移去，则可见1

条淡粉红色的腹神经索。

②在胸部的神经索左右分开甚广,可见由神经节向后端发出而向两侧分枝的中神经,以控制气门的开闭活动。

③腹神系统的末端是第7、第8两节腹神经节的复合体,所发出的神经控制腹部末端数节的活动。

3. 观察感觉器官

(1) **感受器官**　取蚜虫或蜜蜂1头,置于显微镜下直接观察触角上的圆形板状感受器。

(2) **感化器**(《普通昆虫学》,图26-11)　取下小地老虎的喙,在解剖镜下观察,找到味觉器后,剪下一小段放在载玻片,加上1滴甘油后盖上盖玻片,在显微镜下观察,可见喙上有许多坛状感觉器。

(3) **视觉器**(《普通昆虫学》,图2-11、图26-2、图26-3)

①取复眼纵切面玻片观察复眼的构造(《普通昆虫学》,图26-1)。

②观察豉甲的复眼,分为上、下两个,其功能是上眼看空中,下眼看水中(《普通昆虫学》,图2-11E)。

③观察雄牛虻的复眼,注意各小眼面的大小是否一致(《普通昆虫学》,图2-11F)。

(4) **听器**(《普通昆虫学》,图26-7)

①解剖观察蝗虫的听器:将蝗虫的腹部第1节两侧的鼓腹听器用解剖剪取下,在解剖镜下仔细观察,外面观是1略凹入体壁的椭圆形的薄膜,而内面观则有4个听体;每一个听体上都连接有多个剑鞘感觉器。锥状体是位于鼓膜下端的1个囊状结构。柄状体是由1部分鼓膜硬化而成的薄片,以及部分由表皮陷入的梢片组成。沟状体是鼓膜上的向外突出的1个脊。梨状体,是1个硬化的实心球,它不与前3个听体相联结,在梨状体和锥状体之间有1组剑鞘感受器。

②观察鳞翅目夜蛾科昆虫小地老虎(或黏虫)后胸的鼓膜听器。

③观察蟋蟀前足胫节上的足听器,可分为小型的前听膜和较大的后听膜,同样的构造也存在于螽斯、蚱蜢等直翅目螽斯亚目的其他昆虫中。

【作业与思考题】

①绘出实验中解剖的蝗虫中枢神经系统简图,并注明各部分名称。

②简述蝗虫鼓膜听器主要组成部分。

实验十六　昆虫的内分泌腺及生殖系统的观察

【目的】
①了解昆虫内分泌腺体的种类、形状、位置。
②了解雌雄昆虫生殖系统的构造。
【材料】家蚕幼虫、蝗虫、活黏虫（或其他鳞翅目成虫）。
【用具】解剖镜及常用解剖用具。
【内容与方法】

1. 内分泌腺体的解剖观察　将家蚕的幼虫自背中线剪开，仔细用解剖剪平剪头部，然后用针斜插固定于蜡盘内，在镜下仔细地移除消化道两侧的丝腺和脂肪体、肌肉等，再用水冲洗干净然后观察。

（1）前胸腺的观察（《普通昆虫学》，图23-4）　取家蚕幼虫1头，先找到前胸气门的位置，可见到由前胸气门向体内伸出的气管丛，用镊子小心的除去器官丛，在前胸气门的气管丛基部靠近体壁处，有1透明的膜状腺体，即为前胸腺，前胸腺可能有分支，前胸神经节、咽下神经节和中胸神经节所发出的神经均通至前胸腺上。

（2）心侧体和咽侧体（《普通昆虫学》，图24-2）　用解剖剪从家蚕幼虫头顶剪开，沿蜕裂线主干剪至口器的上方，然后将头部和胸部打开，并固定在蜡盘中，用水淹没，置于解剖镜下用镊子剔除头部的肌肉，当露出脑后，在脑后方消化道两侧仔细寻找，可见到2对近似于球状的腺体，前方1对是心侧体，后方1对为咽侧体。

2. 蝗虫生殖系统的解剖观察

（1）雌蝗虫生殖系统（《普通昆虫学》，图27-1，C）　取雌蝗虫1头，先剪去翅和足，再用解剖剪自背中线剪开，然后将蝗虫放在蜡盘上，用针将两侧体壁固定于蜡盘上，加水后在镜中进行解剖观察。

①在镜中首先看见的是位于体腔中央的消化道，其背侧面有1对卵巢和1对弯向消化道的腹面的侧输卵管。

②解剖观察卵巢，它是由许多卵巢管所组成。

③观察每个卵巢管，它们是否是由_____、_____和_____三部分

实验十六 昆虫的内分泌腺及生殖系统的观察

组成的。悬带是如何形成的？它伸达何处？固定在什么地方？

④剪断后肠的中部，小心地将消化道从两侧输卵管中间移出，然后进行解剖观察。

A. 观察与卵巢相连的 2 条较粗的侧输卵管，并汇合为中输卵管。中输卵管的开口是雌虫的生殖孔。生殖孔与导卵器相连。

B. 观察在中输卵管的背面有 1 条端部膨大、细长的管子，即贮精囊及其导管。

C. 观察在左右卵巢的前端各有 1 根管状、曲折的附腺，它是由侧输卵管前端延伸而成的。其分泌液可使产下的卵黏结成块。

(2) **雄蝗虫的生殖系统**(《普通昆虫学》，图 27-4C) 用解剖雌蝗虫的方法解剖 1 只雄蝗虫，在镜下观察：

①观察雄蝗虫精巢与雌蝗虫的卵巢形状和位置是否一样。观察精巢是否成对。精巢管是否也很多？精巢有无悬带？

②仔细地寻找输精管，它是与精巢相连弯向消化道的腹面的 1 对很细的小管。

③两根侧输精管与射精管连接，射精管开口，即生殖孔。它位于雄外生殖器的生殖腔中，观察时须将雄蝗腹部末端的外生殖器剪破，并掰开才能见到短小的白色的射精管。

④在射精管和输精管的连接处有 1 对贮精囊，它和许多附腺盘结在一起。

(3) **解剖观察黏虫生殖系统的构造及精珠**

①观察黏虫生殖系统的构造：取活雌性黏虫 1 头，剪去翅和足，然后沿背中线剪开，分开体壁用针固定于蜡盘中，在镜下用镊子把生殖器官附近的气管和脂肪体取掉，观察生殖系统的位置和形状，可见到每 1 个卵巢由 4 根小管组成，折叠于消化道两侧，每侧 4 根卵巢管顶端的端丝集合成悬带，卵巢管下端与侧输卵管相连，两侧输卵管汇合于中输卵管，在中输卵管上还可见到 1 个交尾束、1 个受精束及 1 对附腺。根据卵巢和卵的发育情况进行分级，用以作为预测预报理论依据。

②观察黏虫的精珠：解剖雌性黏虫的交尾囊，可看到白色、坚韧、似莲蓬状的精珠。据精珠的有无、多少，可判定昆虫是否交尾和交尾的次数。

【作业与思考题】

①绘制本实验中解剖的雌蝗虫和雄蝗虫的生殖系统构造简图，并注明各部分名称。

②比较雌蝗虫与雌性黏虫生殖系统的构造异同点。

实验十七 六足总纲的分类鉴定

【目的】
①掌握原尾纲、弹尾纲、双尾纲、昆虫纲4个纲,以及衣鱼目、石蛃目、蜉蝣目、襀翅目、蜻蜓目、纺足目、啮虫目、捻翅目8个目的主要识别特征。
②掌握检索表的使用方法。

【材料】 原尾虫、跳虫、双尾虫、衣鱼、石蛃、蜉蝣、石蝇、蜻蜓或豆娘、足丝蚁、啮虫或书虱、捻翅虫;酒精、甲醛等配制的浸泡液。

【用具】 解剖镜、显微镜、培养皿、解剖针、蜡盘、放大镜、昆虫针、大头针。

【内容与方法】
1. 用解剖镜、显微镜观察所给标本所属纲、目的主要识别特征
2. 学习使用昆虫分目检索表的基本方法

原尾纲分科检索表

1 中、后胸节背板生有中刚毛(M)1对 ·· 2
   中、后胸节背板缺中刚毛(华蚖目 Sinentomata) ····································· 7
2 中、后胸节背板无气孔,腹足上刚毛不超过4根(蚖目 Acerentomata) ·················· 3
   中、后胸节背板两侧各生1对气孔或退化;3对腹足均为2节,各生5根刚毛(古蚖目 Eosentomata) ·· 8
3 假眼梨形,具S形中裂;颚腺管中部为香肠状膨大的萼(全世界已知3属21种,分布于全北区和东洋区;我国已知2属10种) ···················· 夕蚖科 Hesperentomidae
   假眼圆形无中裂;颚腺管中部生有球形或心形的萼 ·· 4
4 假眼多数具后杆,颚腺管中部具光滑的球形萼(分布于除热带以外的其他所有动物区系;我国现已记载4属10种) ································ 始蚖科 Protentomidae
   假眼无后杆,颚腺管中部具心形萼 ··· 5
5 颚腺萼部光滑无花饰,颚腺管基(盲端)部细长简单、或有2~3个膨大处、或有分支(已知21属142种,广泛分布于世界各地;我国已报道9属46种) ·· 檗蚖科 Berberentomidae
   颚腺萼部生有花饰或其他附属物 ··· 6
6 颚腺萼部光滑,背面生单一盔状附属物(分布于全北区、东洋区、非洲区和澳洲区;

我国现已记载 6 属 7 种 ·· 蚖科 Acerentomidae
颚腺萼部膨大并具多瘤的花饰和单一盔状附属物（主要分布在古北区内；我国已记载 5 属 8 种）·· 日本蚖科 Nipponentomidae

7 虫体色淡而半透明，后胸背板生 1 对前刚毛（A2），中、后胸背板无气孔，3 对腹足均为 2 节 ·· 富蚖科 Fujientomidae
虫体棕红坚硬，后胸背板生 2 对前刚毛（A2，4），中、后胸背板各生 1 对气孔，但缺气管荚；第 I 对腹足 2 节，II～III 对腹足 1 节（仅 1 属 3 种，分布于古北和东洋区内）·· 华蚖科 Sinentomidae

8 中、后胸背板各生 1 对气孔并具气管荚（本科是原尾虫中最大的一科，已记录 10 属 260 余种，属全球分布型；我国已记录 6 属 78 种）·················· 古蚖科 Eosentomidae
中、后胸背板的气孔退化，或稍留痕迹（中国特有的稀有类群，已知 1 属 3 种，分别分布在江苏、江西、上海、广西和西藏）·················· 旭蚖科 Antelientomidae

弹尾纲分科检索表

1 身体长形，胸部和腹部分节明显（节腹亚目 Arthropleona）························· 2
  身体近球形，胸部和腹部愈合，至少可区分出第 6 腹节（愈腹亚目 Symphypleona）
  ·· 14

2 第 1 胸节明显，其背板上有刚毛；体表颗粒状，触角短，一般弹器也短（原蚜总科 Poduromorpha）·· 3
  第 1 胸节退化，其背板上无刚毛；体表光滑，触角长，一般弹器发达（长角蚜总科 Entomobryomorpha）·· 7

3 弹器非常长，前端超过腹背；弹器齿节弓状 ·················· 跳虫科 Poduridae
  弹器比较短，齿节线状 ·· 4

4 有假眼；角后器构造复杂；触角第 3 节感觉器发达；大颚无颚臼盘 ···············
  ·· 棘跳科 Onychiuridae
  无假眼；角后器简单 ·· 5

5 颚臼盘发达；弹器退化或无；通常有 2～3 根肛针 ·········· 球角跳科 Hypogastruridae
  上颚无颚臼盘；体表生有大的颗粒或疣 ······································ 6

6 第 6 腹节大，末端 2 叶状 ······································ 疣跳科 Neanuridae
  第 6 腹节小，无疣 ·· 拟亚跳科 Pseudachorutidae

7 触角生在头的中央；头和胸部间有 1 对气门；第 5 腹节、第 6 腹节愈合；生活在海岸上的海藻下 ·· 滨跳科 Actaletidae
  触角生在头的前端 ·· 8

8 触角外观上 5 节或 6 节 ·· 长角长跳科 Orchesellidae
  触角 4 节 ·· 9

9 第 3、第 4 腹节长度相等 ·· 10
  第 4 腹节比第 3 腹节明显长 ·· 12

10	触角第 3 节、第 4 节分亚节；齿节有刺，端节生有大齿 …………	鳞跳科 Tomoceridae
	触角不分亚节 ………………………………………………………………	11
11	体表无鳞片 ……………………………………………	等节跳科 Isotomidae
	体表有鳞片；触角第 2 节、第 3 节有明显的感觉器；齿节有刺；端节长 ……	
	………………………………………………………………	丝跳科 Oncopoduridae
12	端节小，具 1~2 基刺；触角长；无角后器 …………	长角跳科 Entomobryidae
	端节具多齿，无基刺 ………………………………………………………	13
13	触角较短，第 4 节末端有感觉器；一般无眼 ………	驼跳科 Cyphoderidae
	触角特别长，有眼 …………………………………………	爪跳科 Paronellidae
14	触角比头短，无眼和角后器；能够区分胸部各节 ………	短角跳科 Neelidae
	触角比头长，有或无眼；胸部各节愈合 ………………	圆跳科 Sminthuridae

双尾纲分科检索表

1	尾须分节，长或短棒形（棒亚目 Rhabdura）………………………………………	2
	尾须单节，钳形（钳亚目 Dicellura，铗䖴总科 Japygoidea）…………………	6
2	腹部第 1~7 节无气孔（康䖴总科 Campodeoidea）………………………………	3
	腹部第 1~7 节有气孔（原铗䖴总科 Projapygoidea）……………………………	4
3	头缝完整似丫形；触角第 3~6 节上有感觉毛；胸气门 3 对；尾须长而多节………	
	………………………………………………………………	康䖴科 Campodeidae
	头缝减少，后部无成对分支；触角第 3~7 节上有感觉毛；胸气门 2 对；尾须短而多节	
	………………………………………………………	原康䖴科 Procampodeidae
4	腹部基节器长圆柱形；腹部第 2~7 节腹板无基节囊泡；无中爪；触角第 7 节无梨形	
	感器 ………………………………………………………	原铗䖴科 Projapygidae
	腹部基节器梨形；腹部第 2~7 节腹板有基节囊泡；有中爪；触角第 7 节有梨形感器	
	………………………………………………………………………………………	5
5	胸气门 2 对；触角第 5~10 节有感觉毛 …………………	后铗䖴科 Anajapygidae
	胸气门 4 对；触角第 5~18 节有感觉毛 ……………………	八孔䖴科 Octostigmatidae
6	胸气门 2 对；腹部第 1 节腹板上无伸缩的囊泡 …………	副铗䖴科 Parajapygidae
	胸气门 4 对；腹部第 1 节腹板上有 1 对可伸缩的囊泡………………………………	7
7	触角至多 3 节（第 4~6 节）有感觉毛；爪间有小爪 ……	铗䖴科 Japygidae
	触角多于 3 节有感觉毛 ………………………………………………………………	8
8	触角第 4~13 节上有感觉毛；有 2 个侧爪，爪间突背面向后弯曲，形成一个不成对的	
	中爪，和 2 个尖锐的圆锥形腹面突起物；下唇须清楚 ……	异铗䖴科 Heterojapygidae
	触角第 4~17 或 4~20 节有感觉毛；爪间突圆润不形成突起，下唇须不清楚 ………	
	………………………………………………………………	敏铗䖴科 Dinjapygidae

昆虫纲分目检索表

1	原生无翅；腹部第 6 节以前常有附肢 ………………………………………………	2

	有翅或次生无翅；腹部第 6 节以前无附肢 ··	3
2	体侧扁且胸部强烈背向隆起；胸足基节具刺突 ·················	石蛃目 Microcoryphia
	体背腹扁平；胸足基节上无刺突 ···························	衣鱼目 Zygentoma
3	触角刚毛状；翅竖在背上或平展而不能折叠 ···	4
	触角丝状，念珠状或剑状等；翅可以向后折叠，或无翅 ·····················	5
4	尾须细长而多节，有时还有中尾丝；后翅很小，无翅痣 ·······	蜉蝣目 Ephemeroptera
	尾须粗短不分节，无中尾丝；前后翅相似或后翅更宽，有翅痣 ······	蜻蜓目 Odonata
5	前翅皮革质且口器咀嚼式 ···	6
	前翅非皮革质；如前翅皮革质则口器刺吸式 ··	10
6	后足跳跃足；前胸背板马鞍形并盖覆前胸侧板大部 ·············	直翅目 Orthoptera
	后足非跳跃足；前胸侧板外露 ··	7
7	前足为捕捉足 ··	螳螂目 Mantodea
	前足为步行足 ··	8
8	尾须坚硬呈铗状；前翅短小，后翅横脉稀见且后翅臀区扇形 ······	革翅目 Dermaptera
	尾须线状且柔软；前翅宽大或短小，但后翅横脉众多致使翅脉网状，后翅臀区三角形	
	···	9
9	前胸背板强烈向前扩展并盖住头大部；部分种类无翅 ············	蜚蠊目 Blattodea
	前胸背板不向前扩展，头外露；体杆状或树叶状；部分种类无翅 ·························	
	···	竹节虫目 Phasmidea
10	口器咀嚼式 ···	11
	口器非咀嚼式 ···	27
11	具尾须 ···	12
	不具尾须 ···	16
12	前足基跗节膨大为丝腺；体杆状，生活于热带雨林的网幕上 ······	纺足目 Embioptera
	前足基跗节不膨大为丝腺 ···	13
13	触角念珠状 ··	缺翅目 Zoraptera
	触角线状 ···	14
14	无翅；陆生 ···	15
	静止时两对膜翅平伏于体背；幼期水生 ·························	襀翅目 Plecoptera
15	下口式；尾须短且不分节 ··································	螳䗛目 Mantophasmatodea
	前口式；尾须细长多节 ·································	蛩蠊目 Grylloblattodea
16	前翅鞘翅 ···	鞘翅目 Coleoptera
	前翅膜质或无翅 ···	17
17	触角念珠状；如有翅则前后翅同形等大 ·····························	等翅目 Isoptera
	触角多样但非念珠状；如有翅则前后翅的大小和形状见明显差异 ··················	18
18	后唇基强烈隆起为半球形；有翅或无翅 ·····························	啮虫目 Psocoptera
	后唇基区平坦；有翅或无翅 ···	19

19	体背腹扁平且无翅；胸足攀缘足 ······	食毛目 Mallophaga
	体筒状或侧扁，大多有翅；前中足为步行足 ······	20
20	体侧扁；后足为变形的跳跃足 ······	蚤目 Siphonaptera
	体筒状；后足为步行足或携粉足 ······	21
21	翅脉网状且肩横脉成列 ······	22
	翅脉不呈网状且肩横脉 0~1 根 ······	24
22	后翅臀区发达，可以折叠 ······	广翅目 Megaloptera
	后翅臀区很小，不能折叠 ······	23
23	头基部不延长；前胸如延长，则前足为捕捉足；雌虫常无产卵器 ······ ······	脉翅目 Neuroptera
	头基部和前胸均向前延长；前足不特化；雌虫有针状产卵器 ······	蛇蛉目 Raphidioptera
24	前翅为棒翅，后翅很大；雌虫无翅，无足，内寄生于昆虫体内 ······	捻翅目 Strepsiptera
	前翅不为棒翅 ······	25
25	腹部第 1 节常并入胸部；或后翅前缘有 1 列小钩；或无翅 ······	膜翅目 Hymenoptera
	腹部第 1 节不并入胸部；后翅无小钩 ······	26
26	头部向下延伸呈喙状；有短小的尾须 ······	长翅目 Mecoptera
	头部不延伸成喙状；前胸很小；足胫节上有很大的中距和端距；翅为毛翅 ······ ······	毛翅目 Trichoptera
27	前后翅为鳞翅；口器为虹吸式或咀嚼式 ······	鳞翅目 Lepidoptera
	翅上无鳞片或无翅；口器非虹吸式和咀嚼式 ······	28
28	后翅退化为平衡棒 ······	双翅目 Diptera
	有后翅或前后翅缺失 ······	29
29	口器锉吸式；翅为缨翅；熊足端部泡状 ······	缨翅目 Thysanoptera
	口器刺吸式；有翅或无翅，如有翅则不为缨翅；胸足端部具爪 ······	30
30	无翅；口器位于头的前端；足为攀缘足 ······	虱目 Anoplura
	有翅或无翅；口器位于头的下面；足不适于攀缘 ······	31
31	前翅为半鞘翅或无翅；喙明显出自头部 ······	半翅目 Hemiptera
	前翅质地均一或无翅；喙明显出自胸部 ······	同翅目 Homoptera

石蛃目分科、分亚科检索表

1	胸足无针突，第 1 节和 4~8 节腹板高度退化，雄体无阳基侧突 ······ ······	光角蛃科 Meinertellidae
	至少第 3 胸足具针突，腹板发达，至少雄体第 9 腹节具阳基侧突（石蛃科 Machilidae） ······	2
2	触角和下唇须无鳞 ······	古蛃亚科 Petrobiellinae
	至少触角的柄节和梗节有鳞 ······	3
3	触角鞭节具鳞 ······	石蛃亚科 Machilinae

触角鞭节无鳞 ··· 新蛃亚科 Petrobiinae

衣鱼目分科检索表

1 有单眼和复眼，体表无鳞片，跗节5节，第2～9腹板生有刺突和基肢片，第2～6腹板生有基节囊 ··· 毛衣鱼科 Lepidotrichidae
  无单眼，体表有或无鳞片，跗节3～4节 ··· 2
2 无复眼，体表常无鳞片，雄性生殖突长，生活在土壤中、蚂蚁或白蚁巢中 ···············
  ··· 土衣鱼科 Nicoletiidae
  有复眼，雄性生殖器较短，很少土栖，多数自由生活或室内生活 ·························
  ··· 衣鱼科 Lepismatidae

蜉蝣目分科检索表

1 体黑色；翅脉极度退化，在 R_1 脉后仅有3条或4条纵脉 ······ 寡脉蜉科 Oligoneuriidae
  体色多变；翅脉完整或退化，在 R_1 脉后有许多纵脉 ·· 2
2 雄性阳茎比尾铗长；雌性触角着生在前侧凸出的突起上 ········ 平脉蜉科 Behningiidae
  雄性阳茎比尾铗短；雌性触角着生不如上述 ·· 3
3 MP_2 脉和 Cu_a 脉的基部与 MP_1 脉基部分离很开；后翅有许多纵脉和横脉，MA脉有分叉 ··· 4
  MP_2 脉和 Cu_a 脉的基部与 MP_1 脉基部稍分离（MP_2 脉有时会弯曲），分叉通常是对称的；后翅退化或缺如，MA脉不分叉或分叉 ··· 8
4 后翅前缘突尖锐；前翅 A_1 脉不分叉，前缘脉基部到前翅翅痣区的横脉弱或萎缩 ······
  ··· 新蜉科 Neoephemeridae
  后翅前缘突圆钝，如果尖锐，则前翅 A_1 脉分叉；前缘脉基部至前缘胀部的横脉发育良好 ··· 5
5 雄性中、后足和雌性所有的足都细弱，无功能，一般灰白色，翅常带透明或无色、灰色或略带深浅不同的紫灰色 ·· 多脉蜉科 Polymitarcyidae
  两性所有的足都发育良好，具功能，色泽多样 ··· 6
6 MA_2 脉 4/3～3倍长于MA脉的基部；雄性尾铗有1长的基节，无端节或有1短的端节 ··· 直蜉科 Euthyplociidae
  MA_2 脉短于、略等或仅稍长于MA脉的基部；雄性尾铗不具有2个长的基节和1个或2个短的基节而是具有1个长的基节和2个短的端节 ···································· 7
7 A_1 脉近翅缘分叉；雄性尾铗有1个长基节；腹部通常黄色，有些种类在背板有红色的侧条或斑纹 ··· 河花蜉科 Potamanthidae
  A_1 脉不分叉，但由此发出2条或更多条短的横脉到达翅的后缘 ········ 蜉蝣科 Ephemeridae
8 前翅有横脉 ··· 9
  前翅无横脉，两性复眼均小，分隔宽；胸部粗壮，腹部短；雄性前足稍长于中、后足；雌性足仅留痕迹 ·· 鲎蜉科 Prosopistomatidae

9	无后翅 ……………………………………………………………………………	10
	有后翅,然而常很小 ……………………………………………………………	13
10	在翅的纵脉间有基部分开的短边缘闰脉 1 条或 2 条;MA_2 脉和 MP_2 脉从各自茎的基部分开;雄性阳茎退化;尾丝 2 根 …………………… 四节蜉科 Baetidae(部分)	
	无如上所述基部分开短的边缘闰脉;MA_2 脉基部连接,MP_2 脉基部连接或分开;雄性阳茎发育良好;有尾丝 3 根 …………………………………………………	11
11	前翅纵脉有数个小脉连接至外缘;雄性复眼大,半陀螺状;雄性产卵器发育良好 …… ………………………………………………………… 细裳蜉科 Leptophlebiidae(部分)	
	前翅纵脉无小脉连接外缘;雄性复眼通常简单,相距很宽,雌性无产卵器 …………	12
12	MA 脉多具对称的分叉;MP_2 脉伸至 MP_1 脉基部距离不少于 3/4;胸部通常黑色或灰色;雄性尾铗 2 节或 3 节 ……………………………… 毛蜉科 Tricorythidae(部分)	
	MA 脉不如上述;MA_2 脉有横脉与基部连接;MP_2 脉伸至 MP_1 脉基部,几乎等长;胸部通常棕褐色;雄性尾铗 1 节 …………………………………… 细蜉科 Caenidae	
13	前翅肘闰脉包括一系列的小脉,常分叉或弯曲,连接 Cu_a 脉到翅后缘;后足跗节 4 节 ……………………………………………………………………………………	14
	前翅肘闰脉不如上述,且有时缺如;后足跗节 4 节或 5 节 ……………………	15
14	前足黑色或红棕色,前基节内缘具鳃着生过的痕迹;中、后足色淡 ………………… ……………………………………………………………………… 等蜉科 Isonychiidae	
	前足色多变,基节上无鳃着生的痕迹 ……………………… 短丝蜉科 Siphlonuridae	
15	尾丝 3 根,发育完好 ………………………………………………………………	16
	尾丝 2 根,中尾丝留有痕迹或缺如 ………………………………………………	19
16	后翅小,仅有 2 条或 3 条简单的脉,前缘突长为翅宽的 3/2~3 倍,直或向后弯 … ………………………………………………………………… 毛蜉科 Tricorythidae(部分)	
	后翅大,有 1 条或多条分叉的脉;前缘突不如上述 ……………………………	17
17	前翅有 2 对肘闰脉,前 1 对长;A_1 脉由一系列的小脉连接到翅后缘 ………… ……………………………………………………………… 巨跗蜉科 Ametropodidae	
	前翅闰脉不如上述;A_1 脉不由小脉连接到翅后缘 ………………………………	18
18	沿翅外缘脉间有短而基部分开的边缘闰脉;雄性尾铗有 1 短的端节 …………… ……………………………………………………………… 小蜉科 Ephemerellidae	
	沿翅外缘脉间无真正基部分开的边缘闰脉;雄性尾铗有 2 短的端节 …………… ……………………………………………………… 细裳蜉科 Leptophlebiidae(部分)	
19	无肘闰脉;A_1 脉端部达翅的外缘;后翅有多条长的游离边缘闰脉 ……………… ……………………………………………………………………… 圆裳蜉科 Eaetiscidae	
	有肘闰脉;A_1 脉达翅的后缘;后翅不如上述 ……………………………………	20
20	前翅翅脉间有短而基部分开的 1 条或 2 条边缘闰脉;MA_2 脉和 MP_2 脉从各自的基部分开;雄性阳茎退化,复眼上半部陀螺状 ………… 四节蜉科 Baetidae(部分)	
	边缘闰脉连接至其他脉的基部;MA_2 脉和 MP_2 脉的基部相连;雄性阳茎发育良好,	

	复眼不呈陀螺状·· 21
21	后足跗节明显具 4 节，基部的 1 节与胫节愈合或部分愈合；肘闰脉包括 1 对或 2 对 ··· 22
	后足跗节明显具 5 节；肘闰脉有 2 对 ············· 扁蜉科 Heptageniidae（部分）
22	雄性复眼在背面紧接或几乎紧接；前足跗节 3 倍长于胫节；雌性腹部的顶节和基节长和宽略等于中间各节，肛下板平坦地凸出 ············ 长跗蜉科 Metretopodidae
	雄性复眼在背面分离，相距约为中单眼宽的两倍；前足跗节 2 倍长于胫节；雌性腹部细长；顶节明显地更细长于基节，肛下板中间凹陷··· 扁蜉科 Heptageniidae（部分）

蜻蜓目分科检索表

1	体纤细；头哑铃状，复眼突出在头的两侧，其距离比眼的直径为大（束翅亚目 Zygoptera） ·· 3
	体粗壮；头半球形，复眼互相接近或接触··· 2
2	前后翅大小脉序均相似；中室为简单的四边室（间翅亚目 Anisozygoptera）（蟌蜓总科 Epiophlebilodae）···································· 蟌蜓科 Epiophlebiidae
	后翅的脉序与形状显然与前翅不同；中室分为上下两三角室（差翅亚目 Anisoptera） ··· 15
3	翅通常没有柄；结前横脉 5 条或 5 条以上；弓脉距翅痣较距翅基部更远（色蟌总科 Agrioidea） ·· 4
	翅都有柄，结前横脉只 2~3 条；弓脉在翅基与翅结之间（蟌总科 Coenagrioidea） ········· 9
4	翅的基部有柄，后缘基部近弓脉处呈角度；结前横脉 7 条以下；Sc 脉与 R 脉间常无横脉·· 丽蟌科 Amphipterygidae
	翅基部无显著的柄，后缘基部不呈角度；C 脉、Sc 脉与 R 脉间结前横脉多数 ········· 5
5	M 脉从弓脉的近中部或中下部伸出；四边室的基缘较端缘短 ··························· 6
	M 脉从弓脉的极上端伸出，而与 R 脉相接触；四边室不规则，其基缘长于端缘 ··· 美蟌科 Polythoridae
6	结前横脉有 2 条特别粗··· 7
	结前横脉都同样粗细·· 8
7	唇基突起成喙状·· 隼蟌科 Libellainidae
	唇基正常·· 日光蟌科 Heliocharitidae
8	M 脉从弓脉近中间伸出；四边室短，中间没有或很少横脉；翅痣长而整齐·· 溪蟌科 Epallagidae
	M 脉从弓脉下方 1/3 处出；四边室长，内有多数横脉；翅痣不完全，雄性常没有翅脉；全翅横脉很多，呈密网状 ·························· 色蟌科 Agriidae
9	结合横脉两列成一直线，即由 C 脉直连至 R 脉 ·· 10
	结后横脉两列不相连接 ··· 岐蟌科 Hemiphlebiidae

10 四边室极狭，端尖，由此伸出的第一脉（Cu_2 脉）基部极弯曲 …… 综螆科 Synlestidae
   Cu_1 脉直行或微微弯曲 ………………………………………………………… 11
11 翅（除 M_{1a} 脉外）没有其他附加的长纵脉到达后缘 …………………………… 12
   翅有 1 条或 1 条以上的附加纵脉 …………………………………………………… 13
12 Cu_1 脉短，不到达翅的中部；没有 Cu_2 脉 ……………………… 原螆科 Protoneuridae
   Cu_1 脉长，到达翅的中部以后；有 Cu_2 脉 …………………………… 螆科 Coenagriidae
13 四边室的端角钝；M_3 脉与 M_5 脉伸出处近翅结而远于弓脉 ………………… 14
   四边室的端角尖锐；M_2 脉与 M_5 脉伸出处近弓脉而远于翅结 ……… 丝螆科 Lestidae
14 翅痣形状整齐，短或长；翅结在翅基部 1/4～1/3 处 ……………… 山螆科 Megapodagriidae
   翅痣不明显，没有或畸形；翅结在翅基部 1/7～1/6 处 ……… 畸痣螆科 Pseudostigmatidae
15 两对翅的三角室的形状、大小及与弓脉的距离相同；结前横脉上下两列不相连接
   （蜓总科 Aeschnoidea） ……………………………………………………… 16
   两对翅的三角室的形状、大小及与弓脉的距离不同；上下两列结前横脉多数相连接
   （蜻总科 Libelluloidea） ……………………………………………………… 20
16 翅痣极长，占 10 个以上的翅室 …………………………………… 古蜓科 Petaluridae
   翅痣正常，占 4～7 个翅室 …………………………………………………… 17
17 M_2 脉在翅后方作波状的向上弯曲 ……………………………………… 蜓科 Aeschnidae
   M_2 脉正常 ……………………………………………………………………… 18
18 前翅的臀脉在三角室前分叉很大，造成下三角室；翅痣基端连有垂直的横脉
   …………………………………………………………………… 箭蜓科 Gomphidae
   前翅的臀脉直达三角室下方，或分叉很小，翅基端不连横脉 ………………… 19
19 中基室内没有横脉 ………………………………………………… 大蜓科 Cordulegasteridae
   中基室内有横脉 …………………………………………………… 金蜓科 Chlorogomphidae
20 雄性腹部后面有耳状片；雄的后翅臀角呈角度；前翅的三角室不太狭、臀套多变化
   ……………………………………………………………………… 锤蜻科 Corduliidae
   雄性腹部没有耳状片；雄的后翅臀角圆形；前翅的三角室极狭；臀套呈足状 ……
   ……………………………………………………………………… 蜻科 Libellulidae

襀翅目分科检索表

1 分布于南半球；前后翅多横脉（南襀亚目 Antarctoperlaria） ………………………… 2
  分布于北半球，少数分布于南半球的种类；翅近端部径脉区无横脉（北襀亚目 Arctoperlaria） ……………………………………………………………………………… 5
2 后翅臀区多横脉，腹部两侧有残余气管鳃（原襀总科 Eusthenioidea） ……………… 3
  后翅臀区横脉或仅 1～2 根横脉，腹部两侧无残余气管鳃（纬襀总科 Gripopterygoidea）
  …………………………………………………………………………………………… 4
3 后翅外缘连续呈弧形，前翅 Rs 脉常 1 分支 ………………………… 原襀科 Eustheniidae
  后翅外缘在 Cu_2 脉末端呈锯齿状，前翅 Rs 脉常数分支 ………… 始襀科 Diamphipnoidae

4	后翅臀区一般有 7 条明显的臀脉,2A 脉分支;后翅臀脉少于 7 条的种类,前胸背板两后角明显突起 ·· 澳䗛科 Austroperlidae
	后翅臀脉不超过 6 条,臀脉无分支;前胸背板无角突 ·············· 纬䗛科 Gripopterygidae
5	中唇舌和侧唇舌约等长,下颚须丝状,第 1 跗节长(真颚组 Euholognatha)············ 6
	中唇舌不明显或短于侧唇舌,下颚须鬃状,第 1 跗节短(原颚组 Systellognatha)······ ·· 11
6	体小型,翅中部至前端很少有横脉,单眼 3 个(叉䗛总科 Nemouroidea)············ 7
	体中型至大型,无翅,无单眼(裸䗛总科 Scopurodea)············ 裸䗛科 Scopuridae
7	尾须多节 ·· 8
	尾须 1 节 ·· 9
8	尾须少于 8 节;第 2 跗节与其他 2 节约等长;前翅 Cu_1 脉和 Cu_2 脉之间有 4 条以上的肘横脉 ·· 带䗛科 Taeniopterygidae
	尾须 10 节以上;第 2 跗节短,第 1 跗节与第 3 跗节约等长;前翅 Cu_1 脉和 Cu_2 脉之间无肘横脉或仅有 1~2 条肘横脉 ·· 黑䗛科 Capniidae
9	前翅无 Sc_2 脉,前后翅的翅脉不形成 X 形 ·· 10
	前后翅的 Sc_1 脉、Sc_2 脉、R_{4+5} 脉及 r-m 脉共同组成 1 个明显的 X 形 ·· 叉䗛科 Nemouridae
10	静止时翅向腹部卷折 ·· 卷䗛科 Leuctridae
	静止时翅不向腹部卷折 ·· 背䗛科 Notonemouridae
11	中唇舌短于侧唇舌,上颚相对较发达;口器退化的类群第 9 腹板中部有刷毛丛(大䗛总科 Pteronarcyoidea) ·· 12
	中唇舌不明显,上颚退化(䗛总科 Perloidea) ·· 14
12	体小型至中型;前后翅的小范围内有少数横脉;腹部无残余气管鳃 ············ 13
	体中型至大型;除后翅臀区外,前后翅多横脉;腹部 1~2 节或 3 节有残余气管鳃 ·· 大䗛科 Pteronarcyidae
13	额唇基沟明显;雄虫第 9 腹板有刷毛丛,而无圆形的小叶突或锤突;翅的径脉区横脉较多 ·· 刺䗛科 Styloperlidae
	额唇基沟不明显;雄虫第 9 腹板有圆形的小叶突或锤突,但无刷毛丛;翅的径脉区很少有横脉 ·· 扁䗛科 Peltoperlidae
14	胸部的腹侧面有残余气管鳃 ·· 䗛科 Perlidae
	胸部的腹侧面无残余气管鳃 ·· 15
15	后翅臀区发达,在 1A 脉后有 5 条或更多的臀脉达翅缘,2A 脉有 1~3 条分支 ········ ·· 网䗛科 Perlodidae
	后翅臀区很小,在 1A 脉后能到达翅缘的臀脉不多余 3 条,2A 脉无分支 ·············· ·· 绿䗛科 Chloroperlidae

纺足目分科检索表

1	二叠纪产,化石种类 ·· 古丝蚁科 Protembiidae

　　　　第三纪或近世产种类·· 2
2　雄腹部末端构造非显著不对称，腹末节两半背板突起短；翅脉粗壮明显 ···············
　　　　··· 正尾丝蚁科 Clothodidae
　　雄腹部末端构造显著不对称 ·· 3
3　上颚端缺内缘齿；亚颏骨化弱，边缘不弯曲 ··············· 缺丝蚁科 Anisemdiidae
　　上颚端有内缘齿；亚颏骨化强，边缘弯曲 ··· 4
4　左尾须 2 节明显，节间缢缩由膜质分开 ·· 5
　　左尾须仅 1 节，或两节部分或全部愈合成 1 节 ·· 6
5　雄第 10 腹节背板完全分裂为两个半背板，由一膜质区完全分开 ······ 丝蚁科 Embiidae
　　雄第 10 腹节背板不完全分裂为两个半背板；如完全分裂，则两半背板有接触 ······ 7
6　无翅；右尾须基节很短，半球形；第 9 腹节腹板后缘横截，在右后半部有一近乎分离
　　的片突 ··· 澳丝蚁科 Australembiidae
　　常有翅；如无翅，右尾须基节较细长和端节相似，第 9 腹板向后伸延为下生殖突
　　··· 异尾丝蚁科 Notoligotomidae
7　MA（R_{4+5}）脉分叉；第 10 腹节左右两半背板基部愈合成一大的中骨片，延伸进第 9
　　腹节背板下至少一半 ·· 长奇丝蚁科 Teratembiidae
　　MA（R_{4+5}）脉不分叉，第 10 腹节左右两半背板情况不如上述 ·······················
　　··· 等尾丝蚁科 Oligotomidae

啮虫目分科检索表

1　触角 15～47 节（极少为 14 节）；前胸大形；前翅 Cu_2 与 1A 远离（准啮亚目 Parapso-
　　cida）··· 2
　　触角 13 节（少有 14 节或 15 节），前胸小形；前翅 Cu_2 和 1A 相接触或一部分相愈合
　　（真啮亚目 Eupsocida）··· 8
2　跗节 2 节；翅雌者退化，雄者发达，介翅脉不完全 ············ 古啮科 Archipsocidae
　　跗节 3 节 ··· 3
3　中后胸愈合；常无翅，如有，则翅脉退化，不分叉 ············ 粉啮科 Liposcelidae
　　中后胸分离，翅常有少数种退化或没有 ··· 4
4　前翅无，或极小而无翅脉；后翅无；前胸大于中胸 ············ 书啮科 Atropidae
　　有翅；前胸较中胸小 ·· 5
5　前翅坚硬，卵形或圆形；翅脉很阔，脉序不完全 ············ 圆翅啮科 Psoquillidae
　　翅正常；脉序完全 ··· 6
6　体翅无鳞 ·· 叶啮科 Phyllopsocidae
　　体及翅被有毛或鳞 ··· 7
7　触角 20～25 节；后翅 M 脉与 Cu 脉间基部有狭形的闭室；鳞片对称 ···············
　　··· 正鳞啮科 Perientomidae
　　触角 26～47 节；后翅无闭室，端尖锐；有不对称的鳞片 ········ 鳞啮科 Lepidopsocidae

8	跗节 2 节 ··· 9
	跗节 3 节 ·· 11
9	前翅之 Cu 脉弯曲向前，与 M 脉相接触，或有短距离的愈合 ················ 10
	前翅之 Cu 脉弯曲向前，不与 M 脉相接触 ············· 毛啮科 Caecillidae
10	R_{4+5} 脉与 M 脉离开；触角第 3 节、第 4 节和端部的节相似 ······ 啮科 Psocidae
	R_{4+5} 脉与 M 脉愈合，或有横脉相连接；触角第 3 节、第 4 节比别节长，密被有毛 ·· 花啮科 Thyrsophoridae
11	体及翅均具鳞；前翅有 2 臀脉 ··················· 蛾啮科 Amphientomidae
	体及翅均无鳞；前翅仅一条臀脉 ··· 12
12	前翅 Cu 脉弯曲向前，不和 M 脉接触 ············· 斑啮科 Mesopsocidae
	翅 Cu 脉与 M 脉相接触，或有短距离之愈合 ······· 星啮科 Myopsocidae

捻翅目分科检索表

1	雄性跗节 5 节，有成对的爪；雌性自由生活，幼虫式，有棒状的触角、眼及足；幼虫寄生于石蛃目昆虫（爪蝙总科 Mengeoidea） ·· 2
	雄性跗节 4 节以下；没有爪 ·· 3
2	雄性触角通常 7 节，第 3 节、第 4 节有侧延伸；后胸前盾片达翅肩角；雌性触角 5 节 ·· 蝙科 Mengeidae
	雄性触角 6 节，第 4 节、第 5 节有侧延伸；后胸前盾片不达翅肩角；雌性触角 4 节 ··· ·· 姬蝙科 Mengenillidae
3	雌性有 3 纵列的生殖管，寄生于直翅目昆虫；雄性不详（蝗蝙总科 Stichotrematoidea） ·· 蝗蝙科 Stichotrematidae
	雌性只有 1 纵列的生殖管 ··· 4
4	雄性跗节 4 节；雌性的气门明显突出，生殖管 4～5 个（蝙总科 Xenoidea） ········ 5
	雄性跗节 3 节或 2 节；雌性气门不明显，生殖管 2～3 个 ···················· 9
5	雄性触角 5 节，第 3 节、第 4 节有侧延伸；雌性有气门 2 对；寄生于蜉类 ········· ··· 蜉蝙科 Callipharixenidae
	雄性触角只第 3 节有侧延伸；雌虫只有 1 对气门；寄生于膜翅目 ············· 6
6	雄性触角 7 节，第 4 节短，第 5～7 节极长；雌虫不详；寄生于蚁类 ··············· ··· 蚁蝙科 Myrmecolacidae
	雄性触角 4～6 节；寄生于蜂类 ·· 7
7	雄性触角 6 节 ··· 眼蝙科 Stylopidae
	雄性触角 5 节以下 ··· 8
8	雄性触角 5 节，第 4 节极短 ··························· 蜂蝙科 Helecthridae
	雄性触角 4 节，第 3 节、第 4 节长度相似 ··················· 蝙科 Xenidae
9	雄性跗节 3 节；雌性生殖管 2 个；寄生于同翅目昆虫（蝉蝙科 Halictophagoidea） ··· ·· 10

雄性跗节2节；雌性生殖管3个；寄生于同翅目昆虫（跗䗪总科 Elencoidea） ……
…………………………………………………………………… 跗䗪科 Elencidae
10 雄角触角4节，第3节有侧延伸，第4节长；寄生于蟋蟀 …… 蟋䗪科 Diozoceratidae
雄虫触角7节，第3~6节有侧延伸，第7节长；寄生于同翅目 ………………………
……………………………………………………………… 蝉䗪科 Halictophagidae

【作业与思考题】

①用昆虫纲分目检索表鉴定所给标本。

②列表比较原尾纲、弹尾纲、双尾纲、昆虫纲的主要识别特征和生物学特性。

③用1~3条特征区别下列各纲和目：A. 原尾纲与昆虫纲；B. 弹尾纲与双尾纲；C. 衣鱼目与石蛃目；D. 蜉蝣目与襀翅目；E. 蜻蜓目与蜉蝣目；F. 纺足目与襀翅目。

④掌握原尾纲、弹尾纲、双尾纲、昆虫纲及昆虫纲衣鱼目、石蛃目、蜉蝣目、襀翅目、蜻蜓目、纺足目等纲和目的主要识别特征及其拉丁文学名。

实验十八　直翅类昆虫的鉴定

【目的】
①了解直翅类昆虫的主要形态鉴别特征。
②认识直翅类昆虫各目和主要科的特征及其常见种。
③学习使用和编制检索表。

【材料】飞蝗、稻蝗、棉蝗、菱蝗、蚱蜢、纺织娘、螽斯、蟋蟀、蝼蛄、蚤蝼等常见科及蠼螋、竹节虫、螳螂、蜚蠊；酒精、甲醛等配制的浸泡液。

【用具】解剖镜、培养皿、解剖针、蜡盘、放大镜、昆虫针、大头针。

【内容与方法】
　1. 应用直翅类昆虫各目分科检索表，结合教材观察并掌握各目重要科的形态特征
　2. 学习编制双项式分类检索表
　3. 识别直翅类昆虫的常见种类
　4. 熟记直翅目重要科的拉丁文学名

直翅目分科检索表

1	有听器，多鼓膜状，位于前足胫节或腹部第 1 节两侧；前足步行式；雌虫产卵器发达，外露··	2
	有或无听器，若有则狭缝状，位于前足胫节上；前足开掘式；雌虫产卵器不外露······	3
2	触角长于体长，丝状，30 节以上；听器位于前足胫节基部；产卵器长，矛状或刀剑状··	4
	触角短于体长，一般少于 30 节；听器位于腹部第 1 节两侧；产卵器短，多呈钻头状··	5
3|体大型；后足为正常的步行足，不能跳跃；跗节 3 节 ············· 蝼蛄科 Gryllotalpidae|	
|体小型；后足腿节特别膨大，善跳跃；后足跗节仅 1 节 ·········· 蚤蝼科 Tridactylidae|	
4|跗节式为 4-4-4；尾须短小；产卵器刀状或剑状·························· 螽斯科 Tettigoniidae|	
|跗节式为 3-3-3；尾须长；产卵器矛状或针状······························· 蟋蟀科 Gryllidae|	
5|前胸背板特别发达，呈菱形，向后延伸盖住腹部；前翅呈短小的鳞片状；跗节式为 2-2-3，爪间无中垫··· 蚱科 Tetrigidae|	

前胸背板短，马鞍形，仅盖及中胸；跗节式为3-3-3，爪间有中垫 …………………………………………………………………… 蝗科 Locustidae

革翅目分科检索表

1 复眼发达；尾钳发达，坚硬而光滑；自由生活（蠼螋亚目 Forficulina） ……………… 3
  复眼退化；尾须不成钳，柔软而有毛；寄生 …………………………………………… 2
2 体长形；触角及足均长；尾须弯曲；寄生于蝙蝠上（蝠螋亚目 Arexinina）……………
  ……………………………………………………………………… 蝠螋科 Arexinidae
  体近长方形；触角及足均短；尾须直，如蟋蟀之尾须；寄生于鼠上（鼠螋亚目 Hemimerina） ……………………………………………………… 鼠螋科 Hemimeridae
3 阳茎不成对；臀板发达，后臀板及尾节不发达或没有（蠼螋总科 Forficuloidea）…… 6
  阳茎成对；臀板简单，有后臀板及尾节，或三者与第10背板愈合成一大片，称总臀板
  ………………………………………………………………………………………… 4
4 臀板，后臀板及尾节成分离之片（原螋总科 Labiduroidea）………………………… 5
  总臀板发达，鞘翅间可见中胸的小盾片（镰螋总科 Apachyoidea）…………………
  ……………………………………………………………………… 镰螋科 Apachyidae
5 后臀板与尾节发达，和臀板一样大小；腿节扁，有脊起 ………… 筒螋科 Pygidicranidae
  后臀板与尾节退化，较臀板为小；腿节不如上述 ………………… 原螋科 Labiduridae
6 跗节第2节简单 ………………………………………………… 姬螋科 Labiidae
  跗节第2节叶状或扩张 …………………………………………… 蠼螋科 Forficulidae

竹节虫目分科检索表

1 中后足胫节端部腹面有三角形凹陷（胫棱亚目 Areolatae）…………………………… 3
  中后足胫节端部腹面无三角形凹陷（胫缘亚目 Anareolatae）………………………… 2
2 触角丝状，分节不明显，尤其在中部之后，长于前足股节且常长于体长；若短于前足股节且分节不明显，则所有股节腹面边缘光滑，中后足股节腹中脊非锯齿状，通常有少数端齿或缺齿 ……………………………………………… 异䗛科 Heteronemiidae
  触角明显分节，常短于前足股节；雌性股节基部背面明显锯齿状；或触角长于前足股节，但从不如体长；中后足股节腹脊明显均匀锯齿状 ……………… 䗛科 Phasmatidae
3 跗节明显5节 …………………………………………………………………………… 4
  跗节3节，无翅，跗爪稍不对称，中垫长于跗爪端部 …………… 新䗛科 Timematidae
4 第1腹节等于或长于后胸背板，并与后胸背板愈合 ………………………………… 5
  第1腹节短于后胸背板，两者分离 ………………………………… 杆䗛科 Bacillidae
5 两性触角长，后胸背板长于宽，体形非叶状，腹部边缘无外长物 ……………………
  ……………………………………………………………… 拟䗛科 Pseudophasmatidae
  雌性触角很少与头等长，雄性较长且有毛，后胸背板短于宽，腹缘强烈扩展，叶状，股节，有时胫节也扩展成叶状，雌性前翅几乎盖及整个腹部，雄性前翅很少长于胸部

·· 叶䗛科 Phylliidae

螳螂目分科检索表

1 前足腿节和（或）胫节缺外列刺（怪足螳总科 Amerphoscelioidea） ··············
·· 怪足螳科 Amorphoscelidae
  前足腿节和胫节具外列刺·· 2
2 前足胫节缺端爪（缺爪螳总科 Chaeteessoidea）············ 缺爪螳科 Chaeteessidae
  前足胫节具端爪·· 3
3 前足腿节缺中刺；外列刺第一刺较长，似距（金螳总科 Metallyticoidea）············
··· 金螳科 Metallyticidae
  前足腿节具中刺（螳总科 Mantoidea）·· 4
4 前足腿节腹缘扩展明显宽于外侧缘···················· 类螳科 Mantoididae
  前足腿节腹缘扩展窄于外侧缘·· 5
5 前足胫节外列刺刺端弯曲或倒伏并与前面的刺紧靠············ 花螳科 Hymenopodidae
  前足胫节外列刺直立·· 6
6 前足腿节内列刺明显为大齿之间分布有 2～5 枚小刺相交替的排列···················
··· 锥头螳科 Empusidae
  前足腿节内列刺明显为 1 枚大刺与 1 枚小刺相交替的排列························· 7
7 前胸背板侧缘从前至后呈明显的叶状扩展；叶状扩展明显超过头宽······················
··· 叶背螳科 Choeradodidae
  前胸背板侧缘不呈明显的叶状扩展；若有较明显的扩展，则扩展处不达前胸背板前缘
  及后缘·· 8
8 尾须扁平，从基部到端部逐渐向两侧呈叶状扩展············ 扁尾螳科 Toxoderidae
  尾须从基部到端部不呈叶状扩展·· 9
9 后足胫节具隆起线或基半部明显膨大························ 长颈螳科 Vatidae
  后足胫节缺隆起线，基半部非明显膨大·· 10
10 前足基节近端处具小的叶状突起；部分种类前足胫节端爪之前具背端刺················
··· 细足螳科 Thespidae
  前足基节近端处缺小的叶状突起；前足胫节端爪之前缺背端刺······ 螳螂科 Mantidae

蜚蠊目分科检索表

1 中足和后足股节腹面具刺；若缺刺则前足胫节较细长，多刺（蜚蠊总科）············ 2
  中足和后足股节腹面缺刺，但端刺存在；前足胫节较粗短，多毛（硕蠊总科）········ 5
2 雄性下生殖板对称，具一对腹突；雌性下生殖板具瓣············ 蜚蠊科 Blattidae
  雄性下生殖板不对称，通常缺腹突；雌性下生殖板缺瓣··························· 3
3 体大（全长超过 15mm）；前翅 Sc 脉具分支；后翅 Cu 脉的分支朝翅褶方向延伸······
··· 光蠊科 Epilampridae

体小（全长极少超过 15mm）；前翅 Sc 脉简单；后翅 Cu 脉的分支朝翅端方向延伸 ⋯ 4
4 复眼发达；有翅种类翅脉发达；雌性下生殖板端部不开裂 ………… 姬蠊科 Blattellidae
  复眼退化；有翅种类、翅脉退化；雌性下生殖板端部开裂 ………… 蝤蠊科 Nocticolidae
5 体多毛；唇部强隆起，与颜面形成明显的界限 ……………… 地鳖蠊科 Polyphagidae
  体光滑；唇部非强隆起，唇基缝不明显 ……………………………… 硕蠊科 Blaberidae

【作业与思考题】

①用直翅目、革翅目、竹节虫目、螳螂目、蜚蠊目分科检索表鉴定所给标本，并简述各分科特征。

②将所给标本编制成双项式分科检索表。

③用 1～3 条特征区别下列各科：A. 纺织娘科与螽斯科；B. 蝼蛄科与蟋蟀科；C. 蝼蛄科与蚤蝼科；D. 斑腿蝗科与斑翅蝗科；E. 剑角蝗科与蚱科。

④掌握纺织娘科、螽斯科、蝼蛄科、蟋蟀科、蚤蝼科、斑腿蝗科、斑翅蝗科、剑角蝗科、蚱科等科的主要识别特征及其拉丁文学名。

⑤直翅类昆虫主要包括哪些目？它们有哪些共同特征？

实验十九 半翅目昆虫的鉴定

【目的】
①掌握半翅目及其重要科的鉴别特征。
②识别常见科的代表种类。

【材料】黾蝽、田鳖（负子蝽）、蝎蝽、猎蝽、盲蝽、网蝽、姬蝽、花蝽、臭虫、长蝽、红蝽、缘蝽、土蝽、麻皮蝽、龟蝽；酒精、甲醛等配制的浸泡液。

【用具】解剖镜、培养皿、解剖针、蜡盘、放大镜、昆虫针、大头针等。

【内容与方法】

1. 应用半翅类昆虫各目分科检索表，结合教材观察并掌握各目重要科的形态特征

2. 学习编制双项式分类检索表

3. 识别半翅类昆虫常见种的识别

4. 熟记半翅目重要科的拉丁文学名

半翅目分科检索表

[参考 Schuh & Slater（1995）等编制]

1 头部中央横缢，明显分为二叶，单眼存在时，位于后叶上；前胸腹面无具密横纹的纵沟；前足跗节多数1节，少数2节；前足胫节压扁，向端渐宽；前翅质地均一，不成明显的半鞘翅，无爪片缝；复眼有时退化或缺；陆生（奇蝽亚目 Enicocephalomorpha） ································· 奇蝽科（＝长头蝽科）Enicocephalidae
  头部中央多无横缢，不分为二叶（如有横缢时，则前胸腹面具纵沟，上有密横纹）；前足跗节多为2节以上（如为1节，则为水生）；前翅成为半鞘翅或否；复眼一般正常 ·· 2

2 前翅缺爪片缝；不成典型的半鞘翅，前半虽有所加厚，但与端部的膜质部分界限不明显；体至少部分被成层的拒水毛；可在水面爬动或划行（黾蝽亚目 Gerromorpha） ·· 3
  前翅具爪片缝；多成典型的半鞘翅，陆生或在水中生活；部分种类体被成层的拒水毛，但不能在水面生活和活动 ·· 12

3 翅发达（长翅型） ·· 4

	无翅或短翅型 ·· 8
4	小盾片明显外露 ·· 5
	小盾片被后伸的前胸背板叶遮盖，外表不可见 ·· 6
5	小颊发达，包围喙的基部；跗节2节，第1节极短 ···
	·· 膜蝽科（＝膜翅蝽科）Hebridae（部分）
	小颊较不发达，不包围喙的基部；跗节3节 ·········· 水蝽科 Mesoveliidae（部分）
6	爪着生于跗节末端上；头明显伸长，眼后部分长于眼的直径；前翅有3个封闭的室
	·· 尺蝽科 Hydrometridae（部分）
	爪着生于跗节端部不到最末端处 ··· 7
7	头部背面中央有一明显的纵凹纹；后足腿节常粗于中足腿节；雄前足胫节常具由短刺
	组成的栉状构造 ························· 宽肩蝽科（＝宽肩黾科、宽蝽科）Veliidae
	头部背面无纵凹纹；后足腿节常细于中足腿节；雄前足胫节无上述栉状构造 ······
	·· 黾蝽科 Gerridae
8	腹部背面第3节、第4节背板之间无臭腺孔 ·· 9
	腹部背面第3节、第4节背板之间具臭腺孔 ·· 10
9	头很长，长为宽的3倍以上，眼远离头的后缘 ········ 尺蝽科 Hydrometridae（部分）
	头长至多为宽的3倍，眼接近或接触头的后缘 ··· 41
10	前胸背板极短，中胸和后胸背面均外露 ················ 水蝽科 Mesoveliidae（部分）
	前胸背板较长，至少遮盖中胸 ··· 11
11	跗节2节 ·· 膜蝽科（＝膜翅蝽科）Hebridae（部分）
	跗节3节；头的眼后部分明显伸长 ························ 尺蝽科 Hydrometridae（部分）
12	触角短于头部，多少折叠隐于眼下；除蝎蝽科外，位于一凹陷或凹沟中，一般由背面看不到或只能看到最末端；大部为水生，部分科生活于岸边陆地上（蝎蝽亚目 Nepomorpha） ·· 13
	触角一般长于头部，暴露于外，不隐于眼下的沟中；陆生 ································· 22
13	下唇宽三角形，短，不分节（即只有1节）；前足跗节不分节（成1节状），有时与胫节愈合，匙状，具长缘毛；头部后缘遮盖前胸；前胸与翅明显具黑色虎斑状横纹
	·· 划蝽科 Corixidae
	下唇较狭长，分节；前足跗节1节至数节，但无长缘毛；头部后缘不遮盖前胸 ······ 14
14	腹部末端具成对的呼吸突 ··· 15
	腹部末端无呼吸突 ··· 16
15	呼吸突长短不一，常极长成细管状，但不能伸缩；跗节1节；后足胫节一般，不成游泳足；后足基节可自由活动 ···································· 蝎蝽科 Nepidae
	呼吸突短，可伸缩，常只末端外露；跗节23节，前足跗节有时1节；后足胫节扁，具游泳毛；后足基节与后胸侧板接合紧密，不能活动 ·········· 负子蝽科 Belostomatidae
16	有单眼（如缺或不发达，则头横宽，复眼多少呈具柄状）；足为步行式；岸边陆地生活 ·· 17

	无单眼；复眼一般，不成具柄状；中、后足扁，具游泳毛；水生 ················ 18	
17	触角较长，丝状，背面观部分可见；眼不成具柄状；足步行式；小盾片平·············	
	··· 蜍蝽科 Ochteridae	
	触角粗短，藏于眼及前胸下方；眼多少呈具柄状；前足腿节极为粗大 ··············	
	·· 蟾蝽科 Gelastocoridae	
18	身体背面平坦或略隆起；头与前胸不愈合；前足成明显的捕捉足 ·················	
	·· 19	
	身体背面强烈隆起，成船形或屋顶状；如平坦，则头与前胸背板愈合，二者之间的	
	缝线不完全；前足不成捕捉足 ·· 20	
19	触角长，伸出于头的侧缘之外；喙细长，伸达中胸腹板以远；头较狭长，远伸过眼	
	的前缘；前足跗节 3 节；爪 2 枚，发达 ········ 盖蝽科（＝锅盖蝽科）Aphelocheiridae	
	触角短，不伸出于头的侧缘之外；喙粗短，不伸过前胸腹板；头常横列，头的末端	
	只略伸过眼前缘的水平位置；前足跗节 2 节或 1 节；爪 2 枚，小形·············	
	·· 潜蝽科（＝潜水蝽科）Naucoridae	
20	体较狭长，体长多在 40mm 以上；眼大；头顶窄；后足长大，明显长于中、后足，	
	桨状；后足爪退化，不明显；头与前胸不愈合 ··· 仰蝽科（＝仰泳蝽科）Notonectidae	
	体较宽短，卵圆形，体长在 40mm 以下；眼小型或中型；头顶宽；后足不成桨状；	
	常有 2 爪；头与前胸紧密愈合，相互不能活动 ································· 21	
21	头与前胸背板之间的界线直或略成简单的弧形；触角 3 节···················	
	·· 固蝽科（＝固头蝽科）Pleidae	
	头与前胸背板之间的界线多有两个明显的凹弯；触角 2 节或不分节（1 节） ·······	
	··· 蚤蝽科 Helotrephidae	
22	腹部第 3—7 节腹板每节各侧常具 2 个或 3 个毛点（trichobothria）（包括其上的毛点	
	毛）；各爪下方有一长形肉质的爪垫（pulvillus）着生于靠近爪的基部处［蝽亚目	
	Pentatomomorpha（扁蝽总科 Aradoidea 除外）］ ······················ 41	
	腹节腹板具毛点，或仅在中线两侧有一类似毛点毛的刚毛；爪下有爪垫或无······ 23	
23	触角第 1、第 2 两节短，长度近相等；第 3、第 4 两节极细长，被有直立长毛，毛的	
	长度远大于该触角节的直径；体小，体长多在 25mm 以下（鞭蝽亚目 Dipsocoro-	
	morpha）·· 24	
	触角不若上述；触角第 2 节常长于第 1 节，部分类群中第 1、第 2 两节短且长度近等	
	（网蝽科中多见），但第 3、第 4 节不具长过触角节直径很多的直立毛被 ········· 27	
24	侧面观前胸前侧片窄，不特别发达，也不向前延伸；前胸后侧片大；基节臼裂	
	（coxal cleft）极短，几不能辨；前翅具前缘裂（costal fracture）（短翅型除外）······	
	·· 25	
	侧面观前侧片宽大，发达，向前延伸达复眼下方；基节臼裂长；前翅前缘裂有或无	
	·· 26	
25	前翅前缘裂短，只切断前翅的前方边缘；后胸侧板无臭腺挥发域；雄虫腹部及外生	

殖器对称或不对称 …………………………… 栉蝽科 Ceratocombidae（部分）
　　前翅前缘裂长，约达翅宽的一半处；后胸侧板有臭腺挥发域；雄虫腹部及外生殖器
　　均不对称 ……………………………………………… 鞭蝽科 Dipsocoridae
26　前翅鞘质；外观似甲虫；头平伸；雄虫外生殖器对称；后足基节内侧下方无附着垫
　　……………………………………………… 栉蝽科 Ceratocombidae（部分）
　　前翅一般，部分种类为革质或鞘质；雄虫腹部及外生殖器均为两侧对称；后足基节
　　内侧下方有附着垫；前翅一般无前缘裂，或只切断前翅的前方边缘…………………
　　………………………………………… 毛角蝽科（＝裂蝽科）Schizopteridae
27　爪下有爪垫或无；如有爪垫，则爪垫的大部分附着于爪，只端部游离；跗节多数为
　　3节，少数2节；翅遮盖侧接缘（部分猎蝽科例外） ……………………………… 28
　　爪下有较长的爪垫，只基部附着于爪，大部分游离；跗节2节；侧接缘外露；身体
　　极为扁平 ………………………………………… 扁蝽科 Aradidae（蝽亚目）
28　前翅膜片有3～5个封闭的翅室，没有任何翅脉从这些翅室的后缘伸出（细蝽亚目
　　Leptopodomorpha） ……………………………………………………………… 29
　　前翅膜片多数具1～2个翅室，如翅室多于2个，则有翅脉由翅室后缘伸出（臭虫亚
　　目 Cimicomorpha） ……………………………………………………………… 30
29　下唇长，逐渐尖细，伸达后足基节基部或超过之 ……………… 跳蝽科 Saldidae
　　下唇短，最多伸达前足基节末端 ………… 细蝽科（＝细足蝽科）Leptopodidae
30　下唇明显4节，第1节至少几乎伸达头后缘；足无海绵窝………………………… 31
　　下唇3节或4节，如为4节，则第1节不达头的后缘；1对或数对足上具海绵窝……
　　……………………………………………………… 猎蝽科 Reduviidae（部分）
31　前胸背板及前翅表面全部密布小网格状脊纹；前翅质地均一，不具膜质部分；雄虫
　　生殖节左右不对称，左右抱器同形 …………………………… 网蝽科 Tingidae
　　前胸背板及前翅表面不若上述（有时因具深刻点而外观与脊纹类似，需注意分辨）；
　　前翅分区"正常"；雄虫生殖节左右不对称，左右抱器不同形 ………………… 32
32　前胸腹板具纵沟，沟表面常有密横棱（摩擦发音器）；喙多数短而粗壮，弯曲，有时
　　较细直；头基部常细缢成颈状，单眼前方常有一横走凹痕；前翅膜片常有2个大室
　　……………………………………………………… 猎蝽科 Reduviidae（部分）
　　前胸腹板无具密横棱的纵沟；头在复眼后方不成颈状，单眼前方无横走凹痕；前翅
　　膜片脉相多样 …………………………………………………………………… 33
33　触角视若5节 ………………… 姬蝽科 Nabidae；花姬蝽亚科 Prostemmatinae
　　触角4节 …………………………………………………………………………… 34
34　翅正常，短翅型个体中前翅或多或少仍可明显分辨；不吸食哺乳动物血液，亦不营
　　体外寄生生活 …………………………………………………………………… 35
　　翅极退化，前翅全缺，或成小瓣状，几不能辨；吸食哺乳动物血液，或营体外寄生
　　生活 ……………………………………………………………………………… 40
35　前翅具楔片 ……………………………………………………………………… 36

	前翅无楔片 ·· 姬蝽科 Nabidae
36	体长 10～15mm；前翅外革片宽阔，明显扩展；前翅膜片翅室端部有一些短脉发出；喙最后第 2 节长于其他各节之和 ·· 捷蝽科 Velocipedidae
	体长常在 4mm 以下；前翅外革片不异常扩展；前翅膜片翅室端部处无短脉发出；喙最后第 2 节一般不长于其他各节之和 ··· 37
37	前翅膜片有一由粗脉组成的翅室，室后角有一"椿状短脉"（stub）；各足跗节均为 2 节 ·· 驼蝽科 Microphysidae
	前翅膜片脉弱，常只隐约可见；如有椿状短脉，则均靠近革片后缘；跗节数多样 ··· 38
38	臭腺沟缘向后弯曲或直接指向后方；不达于后胸侧板后缘，亦不延伸成脊；授精方式正常 ·· 毛唇花蝽科 Lasiochilidae
	臭腺沟缘向前弯、或直、或向后弯，然后向前延伸成一脊；授精方式为血腔授精 ··· 39
39	雄虫生殖节两侧各有 1 个阳基侧突；雌虫腹部第 7 腹板前缘中部有 1 个内突；臭腺沟缘向前呈折角状弯曲，延伸成一脊伸达后胸侧板前缘 ····· 细角花蝽科 Lyctocoridae
	雄虫生殖节仅左侧有 1 个阳基侧突；雌虫腹部第 7 腹板前缘中无内突；臭腺沟向前弯、或直、或向后弯，向前延伸成一脊 ················· 花蝽科 Anthocoridae
40	各足跗节均为 3 节；前翅成小瓣片状；有复眼 ·· 臭虫科 Cimicidae
	中、后足跗节为 4 节；前翅完全消失；无复眼；蝙蝠体外寄生 ·········· 寄蝽科 Polyctenidae
41	触角 5 节 ··· 42
	触角 4 节 ··· 49
42	跗节 2 节 ··· 43
	跗节 3 节（个别土栖的土蝽科种类跗节强烈变形为 1 节） ································· 45
43	前翅在革片与膜片交界处折弯，几完全隐于极发达的小盾片下；腹部各节腹板每侧有一黑色横走凹痕 ······································ 龟蝽科（＝平腹蝽科）Plataspidae
	前翅不折弯；腹部各节腹板侧方无黑色横走凹痕 ··· 44
44	中胸腹板常具侧扁的显著中脊，多隆起很高，龙骨状；雄虫第 8 腹节大，外露 ······································· 同蝽科（＝腹刺蝽科）Acanthosomatidae
	中胸腹板无中脊；雄虫第 8 腹节较小，大部或全部不外露 ·· 蝽科 Pentatomidae（部分）
45	胫节具粗棘刺形成的刺列 ·································· 土蝽科 Cydnidae（部分）
	胫节刺一般，不成粗棘状 ·· 46
46	小盾片极宽大，长几达腹部末端 ·························· 盾蝽科 Scutelleridae
	小盾片多为三角形，远不达腹部末端 ·· 47
47	腹部第 2 节腹板（＝第 1 个可见的腹节腹板）上的气门完全或部分暴露在外，未被后胸侧板全部遮盖 ··································· 荔蝽科 Tessaratomidae（部分）
	腹部第 1 可见腹节腹板上的气门被后胸侧板完全遮盖 ································· 48

48	单眼相互靠近，常相接触；触角着生于头的侧缘上；爪片向端渐细，成三角形，左右二爪片末端相遇处极短小，不成一条明显的爪片接合缝 ………… 异蝽科 Urostylidae
	单眼相互远离；触角着生于头的腹方；爪片四边形；爪片接合缝明显 ……………………………………………………… 蝽科 Pentatomidae（部分）
49	唇基前缘具4～5根粗刺或棘，胫节具棘状粗刺列……………… 土蝽科 Cydnidae（部分）
	唇基前缘不具粗刺列；胫节亦不具棘状粗刺列 …………………………… 50
50	跗节2节；前翅具深大刻点，致使近似网格状 …… 皮蝽科（＝拟网蝽科）Piesmidae
	跗节3节；前翅不若上述 ……………………………………………… 51
51	无单眼 …………………………………………………………… 52
	有单眼 …………………………………………………………… 53
52	前胸背板侧缘薄边状，略向上反卷；雌虫第7腹板完整 ……… 红蝽科 Pyrrhocoridae
	前胸背板侧缘不向上反卷；雌虫第7腹板裂为左右两半 …………… 大红蝽科 Largidae
53	前翅膜片具6条以上的纵脉，并可有一些分支 ………………………… 54
	前翅膜片最多具4～5条纵脉 …………………………………… 59
54	后胸侧板臭脉沟缘强烈退化或全缺 ……………………………… 姬缘蝽科 Rhopalidae
	后胸侧板臭腺沟缘明显 ………………………………………… 55
55	小颊短小，后端不伸过触角着生处；体狭长 ……………………………… 56
	小颊较长，后端伸过触角着生处；体形各异，但狭长者较少 ………… 缘蝽科 Coreidae
56	体形一般较为宽短，椭圆形；第3～7腹节腹板在气门后有2个毛点 ………… 57
	体较狭长；第3～7腹节腹板在气门后有3个毛点 ………………………… 58
57	前翅膜片脉序网状 ……………………………………… 兜蝽科 Dinidoridae
	前翅膜片脉序不成明显的网状 ……………………… 荔蝽科（部分）Tessaratomidae
58	眼间距宽于小盾片前缘；雌虫产卵器片状 ……………………… 蛛缘蝽科 Alydidae
	眼间距狭于小盾片前缘；雌虫产卵器锥状 …………………… 狭蝽科 Stenocephalidae
59	腹部第5～7节的侧接缘向两侧扩展成明显的叶状突起，其边缘具锯齿 …………………………………………………………………… 束长蝽科 Malcidae
	腹部第5～7节侧接缘正常，两侧不具明显的叶状突 ……………………… 60
60	雌虫产卵器片状，第7腹节腹板完整，不裂成左右两半；体狭长，束腰状；头横宽 ……………………………………………………… 束蝽科 Colobathristidae
	雌虫产卵器锥状，第7腹板或多或少在中央分割 ……………………………… 61
61	足明显细长，股节末端明显加粗；触角膝状；后胸侧板上的臭腺沟缘明显伸长，并游离于侧板之外；体明显狭长 ……………… 跷蝽科（＝锤角蝽科）Berytidae
	股节末端不加粗；触角不成膝状；后胸侧板上的臭腺沟缘不特别伸长，亦不游离于侧板之外；体形多样 ………………………………………… 长蝽科 Lygaeidae

【作业与思考题】

①用半翅目分科检索表鉴定所给标本，并简述各分科特征。

②将所给标本编制成双项式分科检索表。

③绘制蝽科、盲蝽科、长蝽科、缘蝽科等前翅特征图。

④用1~3条特征区别下列各科：A. 蝎蝽科与田鳖（负子蝽）科；B. 蝽科与缘蝽科；C. 花蝽科与盲蝽科；D. 盲蝽科与长蝽科；E. 猎蝽科与红蝽科；F. 蝽科与缘蝽科。

⑤掌握半翅目的田鳖（负子蝽）科、蝎蝽科、猎蝽科、盲蝽科、网蝽科、姬蝽科、花蝽科、臭虫科、长蝽科、红蝽科、缘蝽科、土蝽科、蝽科等重要科的主要识别特征及其拉丁文学名。

实验二十　同翅目昆虫的鉴定

【目的】
①掌握同翅目的主要形态特征及重要科的识别特征。
②了解一些重要的类群与农业的关系。
【材料】斑衣蜡蝉、广翅蜡蝉、飞虱、蝉、沫蝉、叶蝉、角蝉、木虱、粉虱、球蚜、根瘤蚜、瘿绵蚜、蚜虫、绵蚧、粉蚧、胶蚧、盾蚧、蜡蚧；酒精、甲醛等配制的浸泡液。
【用具】解剖镜、解剖针、蜡盘、镊子、放大镜、昆虫针、大头针等。
【内容与方法】
  1. 应用同翅类昆虫各目分科检索表，结合教材观察并掌握各目重要科的形态特征
  2. 学习编制双项式分类检索表
  3. 识别同翅类昆虫常见种
  4. 熟记同翅目重要科的拉丁文学名

同翅目分科检索表

1　喙显然出自头部；触角鞭节细小，刚毛状；跗节 3 节（头喙亚目 Auchenorrhyncha）
　………………………………………………………………………………………… 2
　喙显然出自前足之间，或退化；触角丝状，或较退化；跗节 1~2 节（胸喙亚目 Sternorrhyncha）……………………………………………………………………… 9
2　触角着生于头前方两复眼之间 ………………………………………………… 3
　触角着生于头侧方复眼下边 ……………………………………………………… 7
3　后足胫节有 1 个或 2 个固定的大刺，端部有一群小刺 ………… 沫蝉科 Cercopidae
　后足胫节无大刺而有几列小刺 …………………………………………………… 4
4　单眼 3 个；前足变粗；雄虫腹基部有发音器；体中型或大型 ……… 蝉科 Cicadidae
　单眼 2 个或无；前足不变粗；雄虫腹部无发音器；体小型 …………………… 5
5　前胸背板向后延伸至腹部上方呈角状突或一直向后延伸 ……… 角蝉科 Membracidae
　前胸背板不向后延伸 ……………………………………………………………… 6
6　单眼位于头前缘上方或靠近边缘或缺单眼；后足胫节有二列长刺 ………………
　……………………………………………………… 叶蝉科 Jassidae 或 Cicadellidae

	单眼位于头前缘下方的颜部 ………………………………… 短头叶蝉科 Byhoscopidae
7	后足胫节端部有1个能活动的大距 …………………………………… 飞虱科 Delphacidae
	后足胫节端部无上述能活动的大距…………………………………………………… 8
8	后翅臀区呈网状，多横脉；唇基有侧脊，头向前延伸成象鼻状 …… 蜡蝉科 Fulgoridae
	后翅臀区非网状；头不向前延伸成象鼻状；体形似蛾类 ………… 蛾蜡蝉科 Flatidae
9	跗节2节，等大；两性有翅 ……………………………………………………………… 10
	跗节1节或2节，但第1节退化很小；有无翅个体或无翅世代 ………………………… 11
10	触角10节，末端有长短刚毛各1条；前翅革质，主脉为3个分支，每分支有2分叉，翅透明或有斑纹，无白色蜡粉 ………………………… 木虱科 Chermidae 或 Psyllidae
	触角7节；前后翅膜质，主脉简单，翅面被有白色蜡粉或斑点 … 粉虱科 Aleyrodidae
11	触角3~6节，有明显的感觉孔；跗节第1节极小，第2节长；无翅或有翅两对，前翅有翅痣，翅脉分支4条以上；腹部有腹管……………………………………………… 12
	触角节数不定，无明显感觉孔；雄性仅1对前翅，翅脉2支，无翅痣；雌性无翅；无腹管；有些种类足和触角退化 ……………………………………………………… 15
12	腹管1对，长或短；前翅除与翅痣相连的1条前缘粗脉外，至少还有4条细脉 …… 13
	无腹管；前翅除与翅痣相连的1条前缘粗脉外，只有3条细脉 ……………………… 14
13	腹管明显，多少有些突出，长短和形状不一；触角上感觉孔圆形 …… 蚜科 Aphididae
	腹管不明显，或呈环状而不突出；触角上感觉孔多围绕触角呈环状或条状…………………………………………………………………………… 绵蚜科 Eriosomatidae
14	前翅的3条细脉中有2条细脉（Cu脉与A脉）基部共柄，静止时翅平放背面 ……………………………………………………………………… 瘤蚜科 Phylloxeridae
	前翅的3条细脉彼此分离，静止时翅呈屋脊状斜放背面…………………………………………………………………………… 球蚜科 Adelgidae 或 Chermesidae
15	雌虫有腹气门；雄成虫有复眼 …………………………………………………………… 16
	雌虫无腹气门；雄成虫无复眼 …………………………………………………………… 17
16	有肛环刺毛，肛环上面孔腺多，排列成片 ………………………… 旌蚧科 Ortheziidea
	无肛环刺毛 …………………………………………………………… 绵蚧科 Margarodidae
17	无肛环，有臀板 ……………………………………………………… 盾蚧科 Diaspididae
	有肛环 ……………………………………………………………………………………… 18
18	肛环上有刚毛，肛管外口无肛板覆盖 …………………………………………………… 19
	肛环上有刚毛，但肛管外口有肛板覆盖 ………………………………………………… 21
19	肛环刚毛2根，肛环上无孔纹 ………………………… 盾蚧科 Diaspididae（部分种类）
	肛环刚毛2根以上 ………………………………………………………………………… 20
20	肛环刚毛4~8根 …………………………………………………… 粉蚧科 Pseudococcidae
	肛环刚毛10根 ………………………………………………………… 胶蚧科 Lacciferidae
21	肛板2片 ………………………………………………………………………… 蚧科 Coccidae
	肛板1片 ……………………………………………………………… 仁蚧科 Aclerdidae

【作业与思考题】

①用同翅目分科检索表鉴定所给标本,并简述各分科特征。

②将所给标本编制成双项式分科检索表。

③列表比较叶蝉、飞虱、沫蝉、木虱、粉虱和蚜虫的主要识别特征。

④用1~3条特征区别下列各科:A. 角蝉科与蝉科;B. 叶蝉科与飞虱科;C. 叶蝉科与沫蝉科;D. 蜡蝉科与广翅蜡蝉科;E. 木虱科与粉虱科;F. 蚜虫科与瘿绵蚜科;G. 球蚜与根瘤蚜;H. 粉蚧科与绵蚧科;I. 盾蚧科与蜡蚧科。

⑤掌握同翅目昆虫的蝉科、叶蝉科、飞虱科、木虱科、粉虱科、蚜虫科、绵蚜科、球蚜科、根瘤蚜科、粉蚧科、绵蚧科、盾蚧科、蜡蚧等一些重要科的主要识别特征及其拉丁文学名。

实验二十一 缨翅目、等翅目、食毛目、虱目、广翅目、脉翅目和蛇蛉目昆虫的鉴定

【目的】
①掌握缨翅目、等翅目、食毛目、虱目、广翅目、脉翅目及一些科的鉴别特征。
②识别一些重要农业害虫及天敌昆虫。

【材料】管蓟马、纹蓟马、蓟马、几类白蚁、鸡虱、虱子、东方巨齿蛉、草蛉、蝶角蛉、蚁蛉、蛇蛉;酒精、甲醛等配制的浸泡液。

【用具】解剖镜、解剖针、蜡盘、镊子、放大镜、昆虫针、大头针等。

【内容与方法】
1. 观察缨翅目、等翅目、虱目、广翅目、脉翅目、蛇蛉目等各目的主要特征
2. 利用缨翅目、等翅目、广翅目、脉翅目等各目的分科检索表,检索识别重要科的主要特征
3. 学习编制双项式分类检索表
4. 识别缨翅目、等翅目、脉翅目常见种类
5. 熟记缨翅目、等翅目、虱目、广翅目、脉翅目、蛇蛉目等各目和重要科的拉丁文学名

缨翅目分科检索表

1 雌虫在腹部第 8~9 节上着生有由 2 对阳茎侧突形成的产卵器,腹部第 10 节很少呈管状,多数完全纵向裂开,少数仅背部纵向裂开;翅面通常着生有微毛,前翅有围脉 (ambient vein),并且至少有 1 条纵脉伸至前翅前端;后缘缨毛笔直或呈波浪状;触角 6~9 节,下颚须 2 节、3 节或更多,跗节 1 节或 2 节,腹部第 10 节臀鬃生在该节背片末端之前,雄虫腹部第 10 节钝圆,极少管状(锥尾亚目 Terebrantia) ········· 2
雌虫无产卵器,腹部第 10 节管状,不纵向裂开;翅面无微毛,前翅无围脉,纵脉退化,后缘缨毛笔直;触角 4~8 节;前足跗节 1 节,中足和后足跗节 1 节或 2 节;腹部第 10 节上的臀鬃着生在该节背片末端上;雄虫腹部第 10 节呈管状(管尾亚目 Tubulifera) ································· 管蓟马科 Phlaeothripidae

2 触角5~9节，第3~4节有简单的或叉状的感觉锥，跗节上无破茧器，下颚须2节或3节，雌虫产卵器笔直或向下弯曲 ·································· 蓟马科 Thripidae
触角8~9节，第3节和第4节无锥形的感觉域，但有扁平的鼓膜状感觉域，或最多有短三角形感觉域；跗节上有时可见破卵器，下颚须2~8节，雌虫产卵器有时向上弯曲 ·· 3
3 前翅宽，端部宽圆，前缘缨毛短，触角9节，雌虫产卵器向上弯曲，身体不扁平 ··· ·· 纹蓟马科 Aeolothripidae
前翅狭窄，端部尖，前缘缨毛长，触角8~9节，下颚须2节或3节，雌虫产卵器笔直或向下弯曲，身体扁平 ·· 4
4 触角第3~4节端部各有一简单的扁平的鼓膜状感觉域，前足和后足腿节极度膨大，前翅微毛高度退化，雌虫产卵器不发达 ································ 大腿蓟马科 Merothripidae
触角第3~4节端部各有一由小的圆形感觉域组成的圆形感觉区，腿节不膨大，前翅覆盖有浓密的微毛，雌虫产卵器高度发达 ···················· 异蓟马科 Heterothripidae

等翅目分科检索表（兵蚁）

1 跗节5节 ·· 澳白蚁科 Mastotermitidae
跗节4节，少数有退化5节，或3节 ··· 2
2 头无囟孔 ··· 3
头有囟孔 ··· 4
3 尾须3~8节，触角22~23节（*Stolotermes* 和 *Porotermes* 属除外，一般少于19节）
·· 草白蚁科 Hodotermitidae
尾须2节，触角10~19节 ····································· 木白蚁科 Kalotermitidae
4 前胸背板扁平，无前叶（前缘不翘起） ·· 5
前胸背板马鞍形，有前叶（前缘翘起） ························· 白蚁科 Termitidae
5 上颚内缘具有锯齿 ·· 齿白蚁科 Serritermitidae
上颚内缘无锯齿，或仅在内缘基部有少量锯齿 ············ 鼻白蚁科 Rhinotermitidae

等翅目分科检索表（有翅成虫）

1 后翅有臀叶，跗节5节，触角30节 ························· 澳白蚁科 Mastotermitidae
后翅无臀叶，跗节多为4节，少数有退化5节，或3节，触角少于27节 ············ 2
2 无囟孔 ··· 3
有囟孔 ··· 4
3 触角通常多于21节，左上颚常具3个缘齿，右上颚常有跗齿，尾须3~8节 ·········· ·· 草白蚁科 Hodotermitidae
触角少于21节，左上颚仅具2个缘齿，右上颚无跗齿，尾须2节 ·················· ·· 木白蚁科 Kalotermitidae
4 前翅鳞大，与后翅鳞重叠，翅脉网状 ··· 5

前翅鳞小，不与后翅鳞重叠，翅脉非网状 ·················· 白蚁科 Termitidae
5　上颚具短端齿，左上颚具3个缘齿，右上颚在端齿和第1缘齿基部间具1附齿 ······
　　··· 鼻白蚁科 Rhinotermitidae
　　上颚具大的端齿，左上颚具1个缘齿，右上颚无附齿 ········ 齿白蚁科 Serritermitidae

食毛目分科检索表

1　头前部延长成细喙状；前胸高度退化，3胸节完全愈合（象虱亚目 Rhynchophthirina）
　　·· 象虱科 Haematomyzidae
　　头不如上述；前胸发达，中、后胸愈合或以线缝分隔 ······················· 2
2　触角通常4节，头状或棍棒状，第3节具柄，隐藏于头侧下面的沟内；下颚须2～4
　　节（钝角亚目 Amblycera）······································· 3
　　触角3～5节，通常丝状，显露在外；无下颚须；中、后胸常愈合为翅胸节（pterothorax）（丝角亚目 Ischnocera）································· 9
3　中、后足跗节具1爪或无爪，寄生于南美啮齿类············ 鼠鸟虱科 Gyropidae
　　各跗节具2爪 ·· 4
4　触角棒状（或渐加粗成棍棒状），4节或5节；若5节，末端不紧密 ············· 5
　　触角成头状（端节突然变粗，且紧密）；体上有细刺状毛，寄生于有袋类 ·········
　　·· 袋鼠鸟虱科 Boopidae
5　中胸退化，或与前胸愈合；腹部仅5对气孔；寄生于美洲啮齿类和有袋类 ········
　　·· 毛鸟虱科 Trimenoponidae
　　前胸、中胸分离；腹部具6对气孔 ··································· 6
6　头呈三角形，两颊向两侧和向后扩展寄生于各种鸟类 ········ 短角鸟虱科 Menoponidae
　　头不如上述 ·· 7
7　头在眼前极度膨胀；腹部无侧节凹刻；寄生于大型水鸟和猛禽 ················
　　··· 水鸟虱科 Laemobothriidae
　　头在眼前不膨胀，头侧平直或凹形；腹部有侧节间凹刻 ···················· 8
8　头侧平直；腹部细长，寄生于鸣禽 ······················· 鸟虱科 Ricinidae
　　头侧凹形；腹部宽，卵圆形，寄生于蜂鸟 ·············· 蜂鸟虱科 Trochiloecetidae
9　腹部可见仅7节；寄生于中南美洲的鹟科鸟类 ········· 寡节鸟虱科 Heptapsogasferidae
　　腹部可见7节以上 ·· 10
10　触角3节，跗节具1爪；寄生于食肉类、有蹄类等哺乳动物 ···················
　　·· 兽鸟虱科 Trichodectidae
　　触角5节，跗节具2爪 ··· 11
11　触角末端呈头状或棍棒状，前头侧面有强钩；寄生于鼠类和拟猿类 ············
　　·· 猿鸟虱科 Trichophilopteridae
　　触角丝状，或两性异型；寄生于鸟类 ································· 12
12　头在触角前域短；中、后胸以线缝分隔；腹部气孔位于3～8节背板近后缘；寄生于

企鹅 ·· 企鹅鸟虱科 Nesiotinidae
中、后胸愈合，无分隔线缝；寄生于鸟类 ·············· 长角鸟虱科 Philopteridae

虱目分科检索表

1 体粗壮，体密被粗刺毛和鳞；气门9对，位于中胸、后胸和腹部2～8节上；触角4节或5节；寄生于海栖兽类 ·············· 海兽虱科 Echinophthiriidae
  体扁，被有成排的刺毛；气门7对，位于中胸及腹部3～8节上；触角3节或5节；寄生于陆栖兽类和人类 ·· 2
2 头部具有突出的眼胛；无复眼；仅一属有复眼，但无眼胛，寄生于西猪，其余寄生于牛科、鹿科、马科和猪科兽类上 ···················· 血虱科 Haematopinidae
  头部无突出的眼胛；有或无复眼 ··· 3
3 腹部侧背片存在或退化 ··· 4
  腹部无侧背片；两性腹部2～8节膜质 ··· 5
4 至少第1腹节的侧背片的端缘与体分离，或为小的骨化区；有或无复眼，寄生于啮齿类、兔形类、少数寄生于食虫类 ········· 甲胁虱科 Hoplopleuridae
  侧背片可能形成突出的叶突，但其端缘与体相连；具发达的复眼，内含色素；寄生于人类和灵长类 ··· 6
5 仅1对腹气门；腹部仅具几排毛；寄生于食虫类 ·············· 鼹虱科 Neoinognathidae
  腹部具6对气门；每1腹节至少有1排毛；寄生于牛科、鹿科、长颈鹿科、驼科和犬科等大型兽类 ································ 颚虱科 Linognathidae
6 腹部前3节愈合紧密，致使3对气门紧接，各腹节具显著的侧腹瘤突；前足细、具细长爪，中、后足粗壮，爪出粗壮；寄生于人类的阴部和腋下 ··········· 阴虱科 Phthiridae
  腹部各节和气门正常，无腹侧瘤；寄生于人类和猿类 ·············· 虱科 Pediculidae

广翅目分科、分属检索表

1 有3单眼；第4跗节圆柱状 ································· 齿蛉科 Corydalidae 2
  无单眼；第4跗节分为两瓣状 ············· 泥蛉科 Sialidae 泥蛉属 $Sialis$
2 后头方形，侧缘一般有尖齿；R_1脉和Rs脉之间横脉至少4条；雄腹端有下肛突 ···
  ··· 齿蛉亚科 Corydalinae 3
  后头近三角形，侧缘无齿；R_1脉和Rs脉之间横脉3条；雄腹端无下肛突 ·········
  ··· 鱼蛉亚科 Chauliodinae 7
3 后头上无齿突；雌雄上颚同形，均较短 ··· 4
  后头上有2齿突；雌雄上颚异形，雄性上颚很长，雌性上颚较短；体型巨大 ······
  ··· 巨齿蛉属 $Acanthacorydalis$
4 1A脉分2支；后头侧缘齿突发达 ··· 5
  1A脉分3支；后头侧缘齿突短或退化 ··· 6

5	R_1 脉和 R_s 脉之间横脉至少 5 条；下生殖板发达且渐向末端突窄；体黄褐色或赤褐色 ··· 齿蛉属 *Neoneuromus*	
	R_1 脉和 R_s 脉之间横脉 4 条；下生殖板较小且呈方形；体淡黄色 ··············· ··· 脉齿蛉属 *Neuromus*	
6	体黄色或黄褐色；上肛突不分叉 ··· 星齿蛉属 *Protohermes*	
	体黑色；上肛突分叉 ·· 黑齿蛉属 *Neurhermes*	
7	雌雄触角不均为栉状 ·· 8	
	雌雄触角均为栉状 ··· 栉鱼蛉属 *Ctenochauliodes*	
8	雄性触角栉状，雌性触角近锯齿状 ·· 9	
	雄性触角锯齿状；雌性触角念珠状 ····························· 鱼蛉属 *Parachauliodes*	
9	1A 脉分 2 支 ··· 斑鱼蛉属 *Neochauliodes*	
	1A 脉分 3 支 ··· 臀鱼蛉属 *Anachauliodes*	

脉翅目分科检索表

1	体翅无白粉；翅脉简单，有前缘横脉列和翅痣 ·· 2	
	体翅有白粉；翅脉简单，无前缘横脉列和翅痣 ··············· 粉蛉科 *Coniopterygidae*	
2	触角末端膨大或后翅呈极狭长的带状 ·· 3	
	触角末端不膨大；后翅非带状 ·· 5	
3	触角末端膨大；后翅非带状 ·· 4	
	触角末端不膨大；后翅极狭长呈带状 ······························· 旌蛉科 *Nemopteridae*	
4	触角很短，几乎与头胸等长，末端逐渐膨大呈棒状；翅痣下方有一狭长的翅室 ······ ··· 蚁蛉科 *Myrmeleontidae*	
	触角很长，几乎等于体长，末端突然膨大呈球杆状；翅痣下方无狭长的翅室 ······ ··· 蝶角蛉科 *Ascalaphidae*	
5	翅有稍突的色疤 ·· 6	
	翅无色疤 ·· 9	
6	头部有单眼 ·· 7	
	头部无单眼 ·· 8	
7	触角雌雄均为丝状或念珠状 ··· 溪蛉科 *Osmylidae*	
	触角雄为栉状，雌为丝状；雌产卵器呈细长的针状 ··············· 栉角蛉科 *Dilaridae*	
8	翅横脉极多，有肩回脉 ·· 山蛉科 *Rapismatidae*	
	翅横脉稀少，无肩回脉 ·· 泽脉科 *Neurorthidae*	
9	前足捕捉式，或 R_1 脉与 Rs 脉间仅有 1～5 根横脉 ································· 10	
	前足正常，R_1 脉与 Rs 脉间有许多横脉，或 Rs 至少 2 条 ························ 12	
10	前足正常 ·· 11	
	前足捕捉式 ·· 螳蛉科 *Mantispidae*	
11	触角柄节长明显大于宽；前翅前缘横脉分叉 ··············· 鳞蛉科 *Berothidae*	

	触角柄节长约等于宽；前翅前缘横脉不分叉 ················· 水蛉科 Sisyridae
12	Rs 脉仅 1 条 ··· 13
	Rs 脉至少 2 条 ··· 褐蛉科 Hemerobiidae
13	触角很短；翅有由 Sc 脉、R_1 脉及 Rs 脉平行形成的中肋 ········· 蝶蛉科 Psychopsidae
	触角细长；翅无中肋 ··································· 草蛉科 Chrysopidae

蛇蛉目分科检索表

1	后翅 MA 脉起自 M 脉主干 ··· 2
	后翅 MA 脉起自 R 脉主干 ··· 4
2	有单眼，翅痣内有横脉 ··· 3
	无单眼，翅痣内无横 ·································· 盲蛇蛉科 Inocelliidae
3	前胸较长，长于中后胸之和 ······················· 蛇蛉科 Raphidiidae
	前胸较短，短于中后胸之和 ············· 吉林蛇蛉科 Jilinoraphidiidae（化石）
4	翅痣内有横脉 ··· 5
	翅痣内无横脉 ··· 6
5	前后翅横脉较多 ···························· 巴依萨蛇蛉科 Baissopteridae（化石）
	前后翅横脉较少 ···························· 异蛇蛉科 Alloraphidiidae（化石）
6	前胸较短，短于中后胸之和 ················ 中蛇蛉科 Mesoraphidiidae（化石）
	前胸较长，长于中后胸之和 ············ 华夏蛇蛉科 Huaxiaraphidiidae（化石）

【作业与思考题】

①用缨翅目、等翅目、食毛目、虱目、广翅目、脉翅目、蛇蛉目分科检索表，鉴定所给标本，并简述各目、科的主要识别特征。

②将所给标本编制成双项式分科检索表。

③用 1~3 条特征区别下列各目：A. 广翅目与蛇蛉目；B. 脉翅目与等翅目；C. 食毛目与虱目；D. 管蓟马科、纹蓟马科与蓟马科；E. 蝶角蛉科与蚁蛉科。

④熟悉缨翅目、等翅目、脉翅目、虱目、广翅目、蛇蛉目 6 个目及其重要科的主要识别特征和拉丁文学名。

实验二十二　鞘翅目昆虫的鉴定

【目的】
①掌握鞘翅目的主要形态特征及重要科的特征。
②识别一些重要科的成虫和幼虫。

【材料】虎甲、步甲、龙虱、水龟、隐翅甲、埋葬甲、锹甲、豉甲、蜣螂、粪蜣螂、鳃金龟、丽金龟、花金龟、萤、花萤、皮蠹、吉丁虫、叩甲、郭公甲、谷盗、锯谷盗、芫菁、拟步甲、瓢甲、长蠹、叶甲、豆象、天牛、小蠹、象甲、跳甲、龟甲等代表科昆虫；酒精、甲醛等配制的浸泡液。

【用具】解剖镜、解剖针、蜡盘、镊子、放大镜、昆虫针、大头针等。

【内容与方法】
1. 应用鞘翅目昆虫分科检索表，结合教材观察并掌握该目重要科的识别特征
2. 学习编制双项式分类检索表
3. 识别鞘翅目常见昆虫种类
4. 熟记鞘翅目重要科的拉丁文学名

鞘翅目分科检索表

1　头延长成"喙"状；外咽缝末端合并成 1 条或全缺；无前胸侧腹缝（即腹板缝）；植食性（象甲亚目 Rhynchophors） ·················· 67
　　头不延长成"喙"状；外咽缝 2 条，至少前后方分离；前胸侧腹缝显著·············· 2
2　腹部第 1 节腹板被后足基节窝所分割，左右各成为三角形片，中间不相连；前胸背板与侧板间无明显的分界线；下颚外叶须状；肉食性（肉食亚目 Adephaga） ·········· 3
　　腹部第 1 节腹板完整，中间不被后足基节窝所分割；前胸背板与侧板间有明显的分界线；下颚外叶非须状；杂食性（多食亚目 Polyphaga） ················ 9
3　腹板 4～5 节 ·· 4
　　腹板 6～8 节 ·· 5
4　腹板 5 节，触角 11 节，体长而扁 ··················· 长扁甲科 Cupedidae
　　腹板 4 节，触角多数 2 节（或 6～11 节），且膨大；生活于蚁巢及白蚁巢中···········
　　　　　　　　　　　　　　　　　　　　　　　　　　　　　棒角甲科 Paussidae
5　复眼上下分离，似背面和腹面各有 1 对；触角短粗不规则；中足和后足短而扁；多在

	水面旋转游动 ··· 豉甲科 Gyrinidae
	复眼正常；触角细长；丝状；中足和后足不短小；水生或陆生 ··············· 6
6	后足基节向后扩展成极大的板状片，盖住腿节和腹部大部分；触角 10 节；水生 ······ ··· 沼梭科 Haliplidae
	后足基节不向后扩展成极大的板状片；触角 11 节 ····················· 7
7	后胸腹板无横沟，无基前片，后足为游泳足，水生 ············ 龙虱科 Dytiscidae
	后脚腹板有 1 横沟，在基节前划分出 1 块基前片，后足为步行足，陆生 ········ 8
8	触角着生于上颚基部的额区，两触角间的距离小于上唇的宽度 ······· 虎甲科 Cicindelidae
	触角着生于上颚基部与复眼之间，两触角间的距离大于上唇的宽度 ······· ··· 步甲科 Carabidae
9	触角端部数节（3～7 节）呈鳃片状，或呈栉状而膝状弯曲 ·············· 62
	触角不呈鳃片状，如为栉状则基部非膝状 ····························· 10
10	下颚须与触角等长或更长，触角末端数节膨大 ············ 水龟虫科 Hydrophilidae
	下颚须比触角短 ·· 11
11	3 对足跗节数目不等，前、中足为 5 节，后足为 4 节（即跗节式 5-5-4） ········ 48
	3 对足跗节数目相同；如不同则跗节式非 5-5-4 ······················ 12
12	各足跗节均为"伪 4 节"；触角非棒状 ·· 60
	各足跗节非"伪 4 节"，若"伪 4 节"则触角为棒状 ····················· 13
13	前足基节突出，锥形，往往左右相遇；少数基节圆形，不突出，但前翅甚短 ····· 14
	前足基节球形、横形或扩大成板状；不突出，并为腹板所分隔 ············· 31
14	触角为棒状，少数为念珠状或丝状等；前翅多短小；腹部除前 2 节外，背板均为角质 ··· 15
	触角为锯状或栉状，少数为丝状或端部数节膨大而扁；前翅无甚短者 ········· 19
15	前翅很短，只盖住前 2 腹节的背板，少数较长，除前 2 腹节外，背板均为角质 ······ 16
	前翅长或较短，至少盖住前 3 节或前 4 节的背板，故背板除此数节外均为角质 ······ 17
16	腹部能动，可向背面弯曲；前翅后面一般露出 7 节或 8 节（稀有露出 2 节或 3 节者） ··· 隐翅甲科 Staphylinidae
	腹部不能动；前翅后面一般露出 5～6 节或更少 ············ 蚁甲科 Pselaphidae
17	后足基节左右相接近 ··· 埋葬甲科 Silpllidae
	后足基节左右远离 ·· 18
18	触角短小、膝状，端部膨大；足扁宽，适于开掘 ············ 阎甲科 Histeridae
	触角细长，非膝状；足细长，善于疾走 ············ 出尾蕈甲科 Scaphiidae
19	后足基节向后扩展，有容纳腿节前缘的槽；前胸不呈风帽状包盖头部；头一般不向下 ·· 20
	后足基节不向后扩展，如扩展则头为风帽状的前胸所包盖；头小且向下，自背面不可见 ·· 23
20	足跗节间的中垫大而多毛；触角栉状（雄）或锯状（雌） ············ 羽角甲科 Rhipiceratidae

	足跗节间的中垫很小而少毛 ··· 21
21	后足基节扩展成极大的板状，伸达两侧 ····················· 扁股花甲科 Eueinetidae
	后足基节扩展不很大，并向外侧缩小 ·· 22
22	跗节下面有叶状扩展 ·· 花甲科 Dascyllidae
	跗节下面无叶状扩展 ··· 沼甲科 Helodidae
23	腹部腹板 5 节 ··· 28
	腹部腹板 6～8 节（稀有 5 节者） ······································· 24
24	后足基节扁平 ··· 郭公虫科 Cleridae
	后足基节突起 ··· 25
25	腹部腹板 6 节（稀有 5 节者） ····························· 拟花萤科 Dasytidae
	腹部腹板 7 节或 8 节 ······································· 26
26	中足基节左右离开 ··· 红萤科 Lyetidae
	中足基节左右相接近 ······································· 27
27	触角左右远离 ··· 花萤科 Cantharidae
	触角左右相接近 ··· 萤科 Lampyridae
28	后足基节扩展成板状，上有容纳腿节前缘的槽 ················· 窃蠹科 Anobiidae
	后足基节不如上述 ··· 29
29	触角丝状或念珠状 ··· 蛛甲科 Ptinidae
	触角端部 2～3 节膨大 ······································· 30
30	触角端部 2 节膨大；头向前突 ····························· 粉蠹科 Lycidae
	触角端部 3 节膨大；头倾斜且为前胸所包盖 ················· 长蠹科 Bostrychidae
31	后足基节横轴形，向后扩展，上有容纳腿节前缘的槽，左右基节几乎完全相遇 ······ 32
	后足基节圆形，不向后扩展，左右基节远离 ······························· 37
32	跗节 4 节，前足胫节外缘有许多大刺，适于掘土 ················· 长泥甲科 Heteroceridae
	跗节 5 节，前足胫节不如上述 ······································· 33
33	第 5 跗节极长（等于前 4 节之和），爪很大 ················· 泥甲科 Dryopidae
	第 5 跗节不极长，爪不很大 ······································· 34
34	前胸腹板有 1 楔形突，向后插入中胸腹板的槽内；触角锯状或栉状 ··········· 35
	前胸腹板无楔形突；触角端部多膨大 ······························· 36
35	前胸背板与鞘翅相接处凹下；前胸背板的楔形突插在中胸腹板的槽内，能动，可借以弹跃 ····································· 叩头甲科 Elateridae
	前胸背板与鞘翅相接处不凹下，而在同一弧线上；前胸与中胸密接，不能动 ··· 吉丁甲科 Buprestidae
36	鞘翅上无刻点列，但多有细沟 ······························· 皮蠹科 Dermestidae
	鞘翅上有刻点列而无细沟 ····································· 丸甲科 Byrrhidae
37	前足基节横形 ··· 38
	前足基节近乎圆形 ··· 39

38	跗节 5 节（稀有异节者），第 4 节特别小，第 1 节不短小 ……… 露尾甲科 Nitidulidae
	跗节 5 节，第 4 节不特别小，第 1 节特别小 ……………………… 谷盗科 Ostomatidae
39	跗节式为 5-5-5（有时雄虫为 5-5-4）………………………………………………… 40
	跗节式为 4-4-4（有时雄虫为 3-4-4）………………………………………………… 44
40	中胸后侧片伸达中足基节窝 …………………………………………… 扁甲科 Cucujidae
	中胸后侧片不伸达中足基节窝 ………………………………………………………… 41
41	跗节式为 5-5-5（有时雄虫为 5-5-4）………………………………………………… 42
	跗节式为"伪 4 节"…………………………………………………………………… 43
42	前足基节窝后方开放 ……………………………………… 隐食甲科 Cryptophagidae
	前足基节窝后方封闭 ……………………………………………… 毛蕈甲科 Diphyllidae
43	前足基节窝后方开放 …………………………………………… 拟叩头甲科 Languriidae
	前足基节窝后方封闭 ……………………………………………… 大蕈甲科 Erotylidae
44	跗节式为 3-3-3 ………………………………………………… 薪甲科 Lathridiidae
	跗节式为 4-4-4（或雄虫为 3-4-4）………………………………………………… 45
45	跗节式为 4-4-4（或雄虫为 3-4-4）………………………………………………… 46
	跗节为"伪 3 节"……………………………………………………………………… 47
46	跗节式雄虫为 3-4-4，雌虫为 4-4-4；腹部腹板 5 节，不相愈合 ……………………
	………………………………………………………… 小蕈甲科 Myeetophagidae
	跗节式两性均为 4-4-4；腹部腹板有 3 节或 4 节愈合 ……… 坚甲科 Colydiidae
47	爪分裂或有齿 ……………………………………………………… 瓢甲科 Coccinellidae
	爪不分裂，无齿 ………………………………………………… 伪瓢甲科 Endomychidae
48	前足基节窝后方封闭 ………………………………………………………………… 49
	前足基节窝后方开放 ………………………………………………………………… 51
49	爪呈栉齿状 ………………………………………………………… 朽木甲科 Alleculidae
	爪上无齿 ……………………………………………………………………………… 50
50	前足基节球形（稀有卵形），不突出；跗节倒数第 2 节不分为 2 叶 ………………
	……………………………………………………………… 拟步甲科 Tenebrionidae
	前足基节锥形且突出；跗节倒数第 2 节分为 2 叶 ……………… 伪叶甲科 Lagriidae
51	头的基部缩小呈颈状 ………………………………………………………………… 53
	头的基部不呈颈状 …………………………………………………………………… 52
52	前胸背板两侧有明显的边缘，基部与翅基等宽 ……… 长朽木甲科 Serropalpidae
	前胸背板两侧无明显的边缘，基部远较翅基窄 ………… 拟天牛科 Oedemeridae
53	前胸背板基部不较翅基窄 …………………………………………………………… 54
	前胸背板明显较翅基窄 ……………………………………………………………… 56
54	前胸侧面无明显的缝 ……………………………………………… 大花蚤科 Rhipiphoridae
	前胸侧面具明显的缝 …………………………………………………………………… 55
55	后足胫节短于跗节 ………………………………………………… 花蚤科 Mordellidae

	后足胫节和跗节几等长 ································· 拟花蚤科 Seraptiidae
56	每爪由基部分为 2 片 ······························· 芫菁科 Meloidae
	爪简单，不分为 2 片 ······································· 57
57	触角锯状、栉状或羽状；头向前平伸 ··············· 赤翅甲科 Pyrochroidae
	触角丝状；头向下弯 ······································· 58
58	跗节倒数第 2 节很小，隐藏在前 1 节的分叶间；头部在复眼后面缩小，复眼大……
	······································· 伪细颈甲科 Hylophilidae
	跗节倒数第 2 节不特别小，并分为 2 叶；头部在复眼后空一段距离后才缩小，复眼较小 ······································· 59
59	复眼边缘不完整；后足基节左右接近 ··············· 细颈甲科 Pedilidae
	复眼边缘完整；后足基节左右远离 ··············· 蚁形甲科 Anthieidae
60	触角锯状或栉状，11 节；头部额区向下延展成方形的喙状；鞘翅短，腹端露出倾斜的臀板；后足基节左右靠近 ··············· 豆象科 Lariidae
	触角丝状、鞭状、念珠状或末端渐膨大，极少数为锯状，11 节或 12 节；头部额区不呈方形的喙状；鞘翅一般都盖住整个腹部；少数较短则后基节左右离开 …… 61
61	触角一般长于身体的 2/3 或远超过体长（个别有甚短者），多为鞭状，也有丝状或锯状者；复眼呈肾形环绕触角；头背面大而方形；前胸背板多不具边缘 ……
	······································· 天牛科 Cerambycidae
	触角一般短于身体的 2/3（个别有长者），多为丝状、念珠状或向端部膨大，稀有锯状者；复眼一般完整；不环绕触角；头背面小而向前倾斜；前胸背板多具边缘……
	······························· （广义的）叶甲科 Chrysomelidae
62	触角呈膝状弯曲，端部数节为栉状，雄虫上颚极发达 ······ 锹甲科 Lucanidae
	触角非膝状弯曲，端部 3~7 节呈鳃片状或栉状 ······················· 63
63	触角末端数节呈栉状并逐渐卷曲；体扁；前胸与鞘翅间有一段颈状故不密接 ……
	······································· 黑蜣科 Passalidae
	触角末端 3~7 节呈鳃片状；体一般不扁；前胸与鞘翅间无颈状而密接 ······ 64
64	腹部 6 对气门均位于侧膜上；前胸背板大，往往与其他部分等大；爪 1 对，等大；粪食性 ······································· 金龟甲科 Searabaeidae
	腹部 6 对气门不位于或不全位于侧膜上；前胸背板一般不很大 ··············· 65
65	腹部 6 对气门位于腹板侧上方；各足的 2 爪通常等大；植食性 ···············
	······································· 鳃金龟甲科 Melolonthidae
	腹部气门，前 3 对位于侧膜上；后 3 对位于腹板上 ······················· 66
66	各足的 2 爪不等大，至少前、中足如此；由背面看不到中胸后侧片；体背面隆起；鞘翅侧缘不凹入；植食性 ··············· 丽金龟甲科 Rutelidae
	各足的 2 爪等大，由背面可看到中胸后侧片；体背而平坦；鞘翅侧缘凹入；成虫植食或腐食性；幼虫腐食性 ··············· 花金龟甲科 Cetoniidae
67	头部延伸的"喙"很明显，一般都长于其宽度，有时很长；触角一般为膝状，端部

	多膨大；或为念珠状、丝状等；前足胫节外侧无强大的齿或刺 ················· 68
	头部的"喙"很短或不明显；触角短小，端部数节密接膨大如球；前足胫节外侧有强大的齿或刺 ··· 70
68	触角念珠状而直伸；"喙"很直也向前平伸；体狭长 ········ 三锥象甲科 Brenthidae
	触角丝状或膝状，端部多膨大；"喙"长或短 ·· 69
69	触角丝状或末端膨大，但膝状弯曲，有时极长；"喙"短而宽 ······················ ·· 长角象甲科 Anthribidae
	触角丝状或末端膨大，多呈膝状弯曲；"喙"短或长，有时极长 ·················· ·· （广义的）象甲科 Curculionidae
70	前足第 1 跗节等于其余 3 节之和；头比前胸宽 ············ 长小蠹科 Platypodidae
	前足第 1 跗节短于其余 3 节之和；头比前胸窄 ·········· （广义的）小蠹科 Scolytidae

【作业与思考题】

①用鞘翅目分科检索表鉴定所给标本，并简述各自分科特征。

②将所给标本编制成双项式分科检索表。

③用 1～3 条特征区别下列各科：A. 虎甲科与步甲科；B. 龙虱科与水龟科；C. 蜣螂科与粪蜣螂科；D. 鳃金龟科与丽金龟科和花金龟科；E. 萤科与花萤科；F. 皮蠹科与小蠹科和长蠹科；G. 吉丁甲科与叩头甲科、H. 芫菁科与郭公甲科；I. 拟步甲科与步甲科；J. 瓢甲科与叶甲科和天牛科。

④掌握鞘翅目步甲科、拟步甲科、芫菁科、鳃金龟科、花金龟科、丽金龟科、叩甲科、吉丁甲科、瓢甲科、叶甲科、天牛科、豆象科、皮蠹科、长蠹等重要科的主要识别特征和拉丁文学名。

⑤了解鞘翅目常用的分类体系及高级阶元系统发育的基本知识，弄清前足基节窝开闭、中足基节窝开闭、跗式、异跗节、隐 4 节、隐 5 节等基本概念。

实验二十三　鳞翅目昆虫的鉴定

【目的】
①了解并掌握鳞翅目及主要科的形态鉴别特征。
②识别一些常见科的成虫和幼虫。

【材料】谷蛾、蓑蛾、巢蛾、菜蛾、潜蛾、麦蛾、木蠹蛾、豹蠹蛾、卷叶蛾、透翅蛾、斑蛾、刺蛾、螟蛾、尺蛾、枯叶蛾、大蚕蛾、蚕蛾、天蛾、舟蛾、毒蛾、灯蛾、夜蛾、鹿蛾、虎蛾、弄蝶、凤蝶、绢蝶、粉蝶、眼蝶、蛱蝶、灰蝶、斑蝶等代表科昆虫的成、幼虫；酒精、甲醛等配制的浸泡液。

【用具】解剖镜、解剖针、蜡盘、镊子、放大镜、昆虫针、大头针等。

【内容与方法】
　　1. 应用鳞翅目昆虫分科检索表，结合教材观察并掌握该目重要科的识别特征
　　2. 学习编制双项式分类检索表
　　3. 识别鳞翅目常见昆虫种类
　　4. 熟记鳞翅目重要科的拉丁文学名

鳞翅目分科检索表

1	有两对发达的翅	2
	翅退化或无翅（仅雌虫）	70
2	后翅的翅脉与前翅相同，后翅 R 脉有 5 支；前翅常以翅轭与后翅连锁（同脉亚目 Homeneura）	3
	后翅的翅脉与前翅不同，后翅 R_8 脉不分支；后翅以翅缰或扩大的肩角与前翅连锁	4
3	体小，翅展 10mm 以下；后翅有长缘毛	毛顶蛾科 Eriocraniidae
	体大，翅展 25～230mm；翅宽；触角特短	蝙蝠蛾科 Hepialidae
4	触角丝状，末端膨大呈棒状或钩状；后翅无翅缰；无单眼（蝶类）（锤角亚目 Rhopalocera）	5
	触角丝状，栉齿状（羽状）或纺锤状，但末端不膨大；如末端膨大，则后翅有翅缰；单眼有或缺（异脉亚目 Heteroneura）	14
5	触角末端的膨大部成钩状，或其端部有小钩，触角基节左右远离；前翅 R 脉分为 5 支，皆直接由中室分出	弄蝶科 Hesperiidae

	触角末端的膨大部不弯成钩状，端部无小钓，一般浑圆，触角基节左右相靠近；前翅 R 脉分为 3～5 支，不是全部由中室分出，R_4 脉与 R_5 脉有共柄 ………………… 6
6	前翅臀脉有 2 条（2A 脉和 3A 脉）；后翅臀脉只有 1 条（2A 脉），内缘多凹入或较直，静止时不包住腹部 ……………………………………………………………… 7
	前翅臀脉只有 1 条；后翅臀脉有 2 条，内缘多凸出，静止时包住腹部 ………… 8
7	前翅 R 脉分为 5 支，中室下与 A 脉间有 1 条小横脉相连；后翅外缘多呈波状，或有 1 尾突 ……………………………………………………… 凤蝶科 Panilionidae
	前翅 R 脉分为 4 支，中室下无横脉与 A 脉相连；后翅外缘不呈波状也无尾突 ……………………………………………………………………… 绢蝶科 Parnassidae
8	前足常短小（至少雄虫如此），如有爪则爪上无齿，也不分裂 …………………… 9
	前足正常，爪 2 分裂或爪上有齿 ……………………………………… 粉蝶科 Pieridae
9	下唇须特别发达，长达触角的 1/2 …………………………… 喙蝶科 Libytheidae
	下唇须短，不到触角的 1/2 ……………………………………………………… 10
10	前翅基部有 1～3 条脉特别膨大 ……………………………… 眼蝶科 Satyridae
	前翅基部无特别膨大的脉 …………………………………………………………… 11
11	前翅 R 脉分为 5 支 …………………………………………………………………… 12
	前翅 R 脉分为 3 支或 4 支 ………………………………………………………… 13
12	前翅 A 脉在基部有分叉 ………………………………………… 斑蝶科 Danaidae
	前翅 A 脉在基部无分叉 ……………………………………… 蛱蝶科 Nymphalidae
13	后翅翅基边缘不厚，无肩横脉 ………………………………… 灰蝶科 Lycaenidae
	后翅翅基边缘加厚，有肩横脉 ………………………………… 蚬蝶科 Riodinidae
14	前后翅均分裂成几片 ………………………………………………………………… 15
	前后翅不分裂成几片 ………………………………………………………………… 16
15	前翅分成 2～4 片，后翅分成 3 片 …………………………… 羽蛾科 Pterophoridae
	前、后翅各分成 6 片 ………………………………………… 多羽蛾科 Orneodidae
16	后翅狭长而尖，后缘有长毛，往往超过后翅宽度（多数小蛾类）……………… 42
	后翅不狭长，后缘毛不比后翅宽度长 …………………………………………… 17
17	翅大部分透明，只边缘及翅脉上有鳞片；体形像蜂 ………… 透翅蛾科 Aegeriidae
	翅面全部有鳞片 ……………………………………………………………………… 18
18	后翅有 3 条臀脉（A 脉）…………………………………………………………… 19
	后翅有 1 条或 2 条臀脉 ……………………………………………………………… 25
19	后翅 Sc＋R_1 脉同 Rs 脉在中室外有一段合并 ……………… 螟蛾科 Pyralidae
	后翅 Sc＋R_1 脉同 Rs 脉在中室外分开 ………………………………………… 20
20	前翅第 1 及第 2 臀脉间有一横脉相连 …………………………………………… 21
	前翅第 1 及第 2 臀脉间无一横脉相连 …………………………………………… 22
21	前翅有副室（由两条径脉围成的翅室）………………………… 木囊蛾科 Cossidae
	前翅无副室 …………………………………………………… 蓑蛾科 Psychidae

22	前翅外缘成波状曲折 ……………………………………………	蚕蛾科 Bombycidae
	前翅外缘不成波状曲折 ……………………………………………	23
23	前翅有1副室 ……………………………………………………	木蠹蛾科 Cossidae
	前翅无副室 ………………………………………………………	24
24	喙发达 ……………………………………………………………	斑蛾科 Zygaenidae
	喙不发达 …………………………………………………………	刺蛾科 Eucleidae
25	前翅有2条臀脉 …………………………………………………	蓑蛾科 Psychidae
	前翅有1条臀脉 …………………………………………………	26
26	有翅缰 ……………………………………………………………	27
	无翅缰 ……………………………………………………………	39
27	前翅的5条径脉和3条中脉俱全，各自分开从中室伸出 ………	窗蛾科 Thyrididae
	前翅一部分径脉合并，或与翅缘相并 …………………………	28
28	后翅 R_1 脉基部形成一横脉，与亚缘脉相连，翅狭长，触角向前膨大 …………………………………………………………… 天蛾科 Sphingidae
	后翅 R_1 脉基部不成一横脉，触角不膨大 …………………… 29
29	前翅 M_2 脉居于 M_1 与 M_3 脉中间；Cu脉分3支（即 M_3 脉靠近Cu脉） ……… 30
	前翅 M_2 脉与 M_3 脉接近；Cu脉一般分4支（即 M_2 脉、M_3 脉均近Cu脉）……… 32
30	后翅 $Sc+R_1$ 脉基部与Rs脉相连成一弯角 …………………	尺蛾科 Geometridae
	后翅 $Sc+R_1$ 脉基部不与Rs脉相连 ……………………………	31
31	后翅Rs脉与 M_1 脉共柄 …………………………………………	舟蛾科 Notodontidae
	后翅Rs脉与 M_1 脉不共柄 ………………………………………	波纹夜蛾科 Thyatiridae
32	前翅端部弯曲成钩状 ……………………………………………	钩蛾科 Drepanidae
	前翅端部不成钩状 ………………………………………………	33
33	后翅 $Sc+R_1$ 脉退化，翅多透明斑纹 …………………………	鹿蛾科 Amatidae
	后翅 $Sc+R_1$ 脉发达 ……………………………………………	34
34	触角端部膨大 ……………………………………………………	虎蛾科 Agaristidae
	触角端部不膨大 …………………………………………………	35
35	后翅 $Sc+R_1$ 脉与Rs脉在中室中部或后部接近或合并；无单眼 ……………………………………………………………… 毒蛾科 Lymantriidae
	后翅 $Sc+R_1$ 脉与Rs脉分离，或在中室基部相连；有或无单眼 ……… 36
36	有单眼 ……………………………………………………………	灯蛾科 Arctiidae
	无单眼 ……………………………………………………………	37
37	前翅有竖鳞簇 ……………………………………………………	灯蛾科 Arctiidae
	前翅鳞片平滑 ……………………………………………………	38
38	后翅 M_2 脉微微接近 M_3 脉 …………………………………	夜蛾科 Noctuidae
	后翅 M_2 脉十分接近 M_3 脉 …………………………………	灯蛾科 Arctiidae
39	前后翅的Cu脉都是分4支 ………………………………………	40

	前后翅的 Cu 脉都是分 3 支 ····· 41
40	前翅端部成钩状 ····· 钩蛾科 Drepanidae
	前翅端部不成钩状 ····· 枯叶蛾科 Lasiocampidae
41	大型蛾，后翅 $Sc+R_1$ 脉与 Rs 脉基部不成一弯角，M_2 脉接近 M_1 脉或居中 ····· 大蚕蛾科 Saturniidae
	中小型蛾，后翅 $Sc+R_1$ 脉与 Rs 脉基部相连成一弯角 ····· 尺蛾科 Geometridae
42	触角基部膨大，下面凹陷形成眼罩 ····· 43
	触角基部不膨大，不形成眼罩 ····· 45
43	前翅中室短，呈梯形或无中室 ····· 微蛾科 Nepticulidae
	前翅中室长，超过翅全长之半 ····· 44
44	下唇须微小而下垂或缺少 ····· 潜蛾科 Nepticulidae
	下唇须正常大小而向上弯曲 ····· 细蛾科 Gracilariidae
45	下唇须第 2 节外侧有鬃毛 ····· 46
	下唇须只有鳞片或疏松的毛 ····· 47
46	翅表面有微刺；触角光滑，比身体长 ····· 穿孔蛾科 Incurvariidae
	翅表面无微刺；触角粗糙，比身体短 ····· 谷蛾科 Tineidae
47	下颚须十分发达，而且是折贴式的 ····· 48
	下颚须平伸或退化 ····· 50
48	前翅 R_5 脉止于外缘 ····· 莱蛾科 Plutellidae
	前翅 R_5 脉止于前缘或缺少 ····· 49
49	翅表面有微刺；触角光滑，比身体长 ····· 穿孔蛾科 Incurvariidae
	翅表面无微刺；触角粗糙，比身体短 ····· 谷蛾科 Tineidae
50	头顶和至少上颜部有密鬃毛；下唇须第 3 节纺锤形，与第 2 节等长 ····· 51
	头顶和颜部光滑；下唇须第 3 节长而尖，或短而有粗糙鳞片 ····· 52
51	翅表面有微刺；触角光滑，比身体长 ····· 穿孔蛾科 Incurvariidae
	翅表面无微刺；触角粗糙，比身体短 ····· 谷蛾科 Tineidae
52	后翅顶角尖突，外缘凹陷 ····· 麦蛾科 Gelechiidae
	后翅顶角不尖突，外缘亦不凹陷 ····· 53
53	后翅宽大，有明显臀角，比缘毛宽 ····· 54
	后翅狭，镰形，比缘毛窄 ····· 61
54	后翅 M_1 脉消失，有时 M_2 脉亦消失 ····· 蛀果蛾科 Carposinidae
	后脉有 M_1 脉 ····· 55
55	前翅 Cu_2 脉出自中室端部 1/4 以前；下唇须或多或少呈三角形 ····· 卷蛾科 Tortricidae
	前翅 Cu_2 脉出自中室端部 1/4 以内；下唇须只有短而光滑的鳞片 ····· 56
56	前翅 1A 脉完全消失；后翅 Rs 脉和 M_1 脉愈合，接近或共柄 ····· 57
	前翅有 1A 脉，至少出现在翅缘上 ····· 58
57	下唇须第 3 节细长，末端尖，直达头顶 ····· 麦蛾科 Gelechiidae

	下唇须第3节短而钝 ································· 细卷蛾科 Gochylidae
58	后翅 R_s 脉和 M_1 脉愈合或共柄 ··················· 菜蛾科 Plutellidae
	后翅 R_s 脉和 M_1 脉基部分离，两脉接近平行 ······················· 59
59	R_4 脉和 R_5 脉分离，R_5 脉止于外缘上 ·········· 巢蛾科 Hyponomeutidae
	R_4 脉和 R_5 脉共柄，R_5 脉止于外缘或前缘上 ····················· 60
60	R_5 脉止于外缘上；单眼大而明显 ················ 雕翅蛾科 Glyphipterygidae
	R_5 脉止于前缘上；单眼小或无 ···················· 织叶蛾科 Oecophoridae
61	后跗节末端甚至胫节有强刺；后足在静止时向上翘起 ········· 举肢蛾科 Heliodinidae
	后跗节小，刺不明显而是隐藏在鳞片中 ··································· 62
62	前翅有4条或更少脉由中室伸向前缘，有5～6条脉伸向外缘 ····· 绢蛾科 Scythrididae
	前翅有5条脉由中室伸向前缘，有4条脉伸向外缘 ························· 63
63	前翅中室在翅中倾斜；Cu_2 脉非常短，直接走向外缘 ····················· 64
	前翅中室在翅中不倾斜；Cu_2 脉正常并与中室平行 ······················· 66
64	静止时触角向前伸；前胫节细，末端的前胫突小或无 ········ 鞘蛾科 Coleophoridae
	静止时触角向后弯伸；前胫突明显，有胫节的 1/2 长 ······················· 65
65	后翅 $Sc+R_1$ 脉和 R_8 脉在基部愈合；前翅有翅痣；R_1 脉出自中室基部，R_2 脉出自端部 ·· 遮颜蛾科 Blastobasidae
	后翅 $Sc+R_1$ 脉和 R_8 脉基部不愈合；前翅无翅痣；R_1 脉不出自中室基部 ·· 尖翅蛾科 Cosmopterygidae
66	雄虫触角有密纤毛；前翅副室一直延伸列翅基部 ············ 冠潜蛾科 Tischeriidae
	雄虫触角无密纤毛；前翅副室小或无 ···································· 67
67	下唇须正常，前伸或向上举；头顶无毛簇 ································· 68
	下唇须小而下垂；头顶有毛簇 ···························· 潜蛾科 Lyonetiidae
68	下唇须第3节呈纺锤形；下颚须发达并向前伸 ············· 细蛾科 Gracilariidae
	下唇须第3节长而尖，向上举，常超越头顶；下颚须微小或不明显 ············ 69
69	前翅 R_1 脉出自中室的前半部 ···················· 尖翅蛾科 Cosmopterygidae
	前翅 R_1 脉出自中室的后半部 ······················· 绢蛾科 Scythrididae
70	雌虫隐藏在幼虫期做成的袋囊内 ······················ 蓑蛾科 Psychidae
	幼虫不做袋囊 ·· 71
71	身上有许多细毛，雌蛾停在茧上产卵 ···················· 毒蛾科 Lymantriidae
	身上有鳞片或刺，雌蛾不是在茧上产卵 ······················ 尺蛾科 Geometridae

【作业与思考题】

①用鳞翅目分科检索表鉴定所给标本，并简述各分科特征。

②将所给标本编制成双项式分科检索表。

③用1～3条特征区别下列各科：A. 谷蛾科与麦蛾科和菜蛾科；B. 巢蛾科与鹿蛾科和虎蛾科；C. 木蠹蛾科与豹蠹蛾科；D. 蓑蛾科与斑蛾科和透翅蛾科；E. 大蚕蛾科与天蛾科；F. 舟蛾科与夜蛾科和螟蛾科；G. 刺蛾科与尺蛾

科和毒蛾科；H. 绢蝶科与粉蝶科；I. 眼蝶科与蛱蝶科；J. 凤蝶科与斑蝶科；K. 灰蝶科与弄蝶科。

④掌握鳞翅目谷蛾科、蓑蛾科、菜蛾科、卷叶蛾科、斑蛾科、刺蛾科、螟蛾科、尺蛾科、枯叶蛾科、蚕蛾科、天蛾科、舟蛾科、毒蛾科、灯蛾科、夜蛾科、弄蝶科、凤蝶科、粉蝶科、眼蝶科、蛱蝶科、灰蝶等重要科的主要识别特征，并熟记其拉丁文学名。

⑤了解鳞翅目幼虫的主要识别特征，并学习常见幼虫的分类鉴定方法。

实验二十四　长翅目、毛翅目及双翅目昆虫的鉴定

【目的】
①了解并掌握长翅目、毛翅目和双翅目及其主要科的识别特征。
②识别一些重要科的代表种类。

【材料】大蚊、蚊子、瘿蚊、虻、水虻、食虫虻、蝎蛉、石蛾、摇蚊、食虫虻、食蚜蝇、实蝇、果蝇、水蝇、潜蝇、杆蝇、家蝇、花蝇、丽蝇、麻蝇、寄蝇等代表科昆虫，酒精、甲醛等配制的浸泡液。

【用具】解剖镜、解剖针、蜡盘、镊子、放大镜、昆虫针、大头针等。

【内容与方法】
1. 应用长翅目、毛翅目和双翅目昆虫分科检索表，结合教材观察并掌握各目级其重要科的识别特征
2. 学习编制双项式分类检索表
3. 识别长翅目、毛翅目和双翅目常见昆虫种类
4. 熟记双翅目重要科的拉丁文学名

长翅目分科检索表

1 无单眼 ··· 2
　有单眼 ··· 3
2 翅发达，具极多网状脉；产于北美和澳大利亚 ············· 美蝎蛉科 meropeidae
　无翅；产于澳大利亚 ································· 无翅蝎蛉科 Apteropanorpidae
3 跗节捕捉式，第5节可折叠于第4节之上，仅1爪；全球性分布
　 ·· 蚊蝎蛉科 Bittacidae
　跗节不为捕捉式，具2爪 ··· 4
4 翅退化，雄虫刚毛状，雌虫鳞片状，无翅脉；分布全北区 ······ 雪蛉科 Boreidae
　翅发达或短，但有完整的翅脉 ·· 5
5 前翅前缘有许多小翅室，成4排，有15条以上的纵脉伸达前翅顶角 R_1 末端以外；雄虫腹部第3～7节背板中央或两侧有小突起；分布智利 ········ 原蝎蛉科 Notiothaumidae
　前翅前缘至多有1至数条简单的横脉，有6条以下的纵脉伸达前翅顶角 R_1 末端以外 ···
　 ··· 6

6 前翅 Cu_1 与 M 接触或愈合；雄虫腹部末节短，生殖肢形成抱握器，不膨大，也不上翻………………………………………………………………………………………………… 7
  前翅 Cu_1 与 M 分离；雄虫腹部末节长，生殖肢膨大呈球状，并上卷，形似蝎尾 …… 8
7 喙末端尖；前翅前缘不扩大，Rs 3 分支，Cu_1 与 M 长距离愈合；分布大洋洲和南美洲 ………………………………………………………………… 小蝎蛉科 Nannochoristidae
  喙末端平截；前翅前缘基半部扩大，凸出，Rs 4 分支，Cu_1 向前折并接触 M 主干，但不与之愈合；分布澳大利亚 ………………………………………… 异蝎蛉科 Choristidae
8 R_2 分叉，前翅 Cu_2 不与 1A 愈合；颜面长，颊无侧齿；翅在两性中均发达；分布广泛；主要在全北区 …………………………………………………… 蝎蛉科 Panorpidae
  R_2 不分叉，前翅 Cu_2 与 1A 短距离愈合；颜面短，颊具一明显侧齿；雄虫翅发达，但雌虫翅短，仅伸达腹基部；分布北美、日本及朝鲜 ………………… 拟蝎蛉科 Panorpodidae

毛翅目分科检索表

1 体型小，体长通常 5mm 以下；中胸盾片缺毛瘤，中胸小盾片两毛瘤横形，在中线处汇合形成钝角；后翅窄，端尖，后缘经常具长缘毛，有时长达后翅的宽度 ……………………………………………………………………………… 小石蛾科 Hydroptilidae（部分）
  体中型至大型，长于 5mm；中胸盾片常具毛瘤，中胸小盾片毛瘤圆形或长条形；后翅常宽，端部钝圆，后缘如有缘毛，则相当短 …………………………………………………… 2
2 下颚须 5 节，末节柔软多环纹，长至少为前 4 节长之和 ……………………………… 3
  下颚须 3 节、4 节或 5 节，末节与其他节相似，长约与前几节相等 ……………… 12
3 中胸盾片有毛瘤 …………………………………………………………………………… 4
  中胸盾片无毛瘤 …………………………………………………………………………… 8
4 中胸盾片毛瘤近方形，相互紧贴形成大约与小盾片大小相当之毛瘤区 ……………………………………………………………………………………… 剑石蛾科 Xiphocentronidae
  中胸盾片毛瘤圆形，远比小盾片小 …………………………………………………… 5
5 前翅 R_1 脉分叉 ……………………………………………………… 径石蛾科 Ecnomidae
  前翅 R_1 脉不分叉 ………………………………………………………………………… 6
6 胫距式 3-4-4 …………………………………………………………………………… 7
  胫距式 2-4-4 ……………………………………………………… 蝶石蛾科 Psychomyiidae
7 前胸背板宽大成领状，具中裂；中胸小盾片前缘有一段中裂；雄虫后足胫节内距特别粗大，端部分叉或扭曲 ……………………………… 畸距石蛾科 Dipseudopsidae
  前胸背板窄小；中胸小盾片前缘无中裂；雄虫后足胫节内距锥形 ……………………………………………………………………………… 多距石蛾科 Polycentropodidae
8 前足胫节有 3 个距 ……………………………………………………………………… 9
  前足胫节有 0~2 个距 …………………………………………………………………… 10
9 有单眼、少数缺；体大型；中胸小盾片前缘无中裂；雄虫后足胫节距均为锥形；触角远比前翅长 ………………………………………………… 角石蛾科 Stenopsychidae

实验二十四 长翅目、毛翅目及双翅目昆虫的鉴定

	缺单眼；中胸小盾片前缘中裂；雄虫后胫节内距粗大，端部分叉或扭曲 ……………… ……………………………………………………………………… 畸距石蛾科 Dipseudopsidae	
10	有单眼 …………………………………………………… 等翅石蛾科 Philopotamidae	
	无单眼 ………………………………………………………………………………………	11
11	触角细，下颚须第 2 节较第 3 节长 ……………………………… 纹石蛾科 Hydropsychidae	
	触角粗，下颚须第 2 节较第 3 节短 ……………………………… 弓石蛾科 Arctopsychidae	
12	下颚须 5 节，第 2 节短，常圆形，约与第 1 节等长 ………………………………………	13
	下颚须 3 节、4 节或 5 节，第 2 节细长，长于第 1 节 ………………………………………	16
13	下颚须第 2 节圆球形 ………………………………………………………………………	14
	下颚须第 2 节形似第 1 节，圆柱形 ………………………………… 鳌石蛾科 Hydrobiosidae	
14	前足胫节具端前距 ……………………………………………… 原石蛾科 Rhyacophilidae	
	前足胫节缺端前距 ……………………………………………………………………………	15
15	前胸盾片两中毛瘤远离 …………………………………………… 舌石蛾科 Glossosomatidae	
	前胸盾片两中毛瘤接近，几乎相互接触 …………………… 小石蛾科 Hydroptilidae（部分）	
16	头顶具 2~3 个单眼 ……………………………………………………………………………	17
	头顶缺单眼 ………………………………………………………………………………………	21
17	中足胫节有 2 个端前距 ………………………………………………………………………	19
	中足胫节有 1 个或无端前距 …………………………………………………………………	18
18	触角柄节常长于头；中胸小盾片窄长，前端尖；超过中胸盾板长的一半；其毛瘤长为宽的 3~4 倍；后翅臀区退化，仅略宽于前翅，体长不超过 7mm ……………… ……………………………………………………………………………… 乌石蛾科 Uenoidae	
	触角柄节短于头；中胸小盾片常短，前端圆，不达中胸盾板之一半，其毛瘤宽，长不及宽之 3 倍；后翅臀区长达常远比前翅宽；体长 5~33mm ……………… ……………………………………………………………………… 沼石蛾科 Limnephilidae	
19	前翅缺第 1 叉脉 …………………………………………… 准石蛾科 Limnocentropodidae	
	前翅有第 1 叉脉 …………………………………………………………………………………	20
20	中胸小盾片有 2 个清晰的毛瘤，前翅臀脉愈合部分不及第 1 臀室数分室长之和的 1/3 ……………………………………………………………………………… 石蛾科 Phryganeidae	
	中胸小盾片布满小毛，前翅臀脉愈合部分长达第 1 臀室数分室长之和的 2 倍 ………… ………………………………………………………………… 拟石蛾科 Phryganopsychidae	
21	中胸盾片缺毛瘤和毛，跗节除基节外其他各节仅具成环的端刺 … 贝石蛾科 Beraeidae	
	中胸盾片具毛瘤或毛域，跗节上散布小刺 ……………………………………………………	22
22	中胸盾片毛域几乎散布于整个盾片之长度 ……………………………………………………	23
	中胸盾片毛限于一对分离的毛瘤上 …………………………………………………………	25
23	触角柄节约为梗节长的 2 倍，头顶具后中脊 ……………………… 枝石蛾科 Calamoceratidae	
	触角柄节约为梗节长的 3 倍，头顶缺后中脊 ………………………………………………	24
24	触角远长于身体，中足胫节缺端距 ………………………………… 长角石蛾科 Leptoceridae	

	触角等长或略长于身体,中足胫节具2个端前距………………	细翅石蛾科 Molannidae
25	头顶具有很大的后毛瘤,向内自复眼内缘至背中线,向前达头顶中央;触角不比前翅长 ……………………………………………………	钩翅石蛾科 Helicopsychidae
	头顶后毛瘤显著较小,或触角为前翅长的1.5倍………………………………	26
26	中胸小盾片中央具1个毛瘤 ………………………………………………………	27
	中胸小盾片中央有1对毛瘤,有时有一点接触……………………………………	28
27	下颚须雌雄均为5节,前后翅分径室(DC)均闭锁 …………	齿角石蛾科 Odontoceridae
	下颚须雌虫为5节,雄虫为2～3节;后翅分径室(DC)开放 ……	瘤石蛾科 Goeridae
28	前胸背板具1对毛瘤,中胸盾片中缝深 ………………………	毛石蛾科 Sericostomatidae
	前胸背板具2对毛瘤,中胸盾片中缝不如上述深 ……………………………	29
29	中足胫节具1～2个端前距,位于胫节近端部1/3处,腹部第5节两侧有1对圆形腺孔………………………………………………………	短石蛾科 Brachycentridae
	中足胫节有2个端前距,位于胫节之中部;腹部第5节两侧不具腺孔……………………………………………………………	鳞石蛾科 Lepidostomatidae

双翅目分科检索表

1	触角6节以上;下颚须4～5节;幼虫多为全头型(长角亚目 Nematocera)…………	2
	触角5节以下;下颚须1～2节…………………………………………………	25
2	翅宽,脉明显,缘毛短……………………………………………………	3
	翅窄条状,脉极退化,缘有长缨毛 ………………………	缨翅蚊科 Nymphomyiidae
3	翅脉间有网状折痕………………………………………………………	4
	翅脉间无网状折痕………………………………………………………	5
4	翅宽大成扇状;触角鞭节分4节;无单眼 …………………	拟网蚊科 Deuterophlebiidae
	翅狭长;触角鞭节分11～13节;有单眼 ……………………	网蚊科 Blephariceridae
5	中胸背板有V形沟;足细 ………………………………………………	6
	中胸背板无V形沟 ……………………………………………………	9
6	平衡棒无附属物………………………………………………………	7
	平衡棒基部有附属物;翅面有伪脉状褶 ………………………	褶蚊科 Ptychopteridae
7	2条臀脉………………………………………………………………	8
	1条臀脉;臀叶发达 ………………………………………………	颈蚊科 Tanyderidae
8	有单眼;中胸背板无完整的V形沟;第2条臀脉短 …………	毫蚊科 Trichoceridae
	无单眼或单眼退化;中胸背板有完整的V形沟;第2条臀脉长……………	大蚊科 Tipulidae
9	无单眼 ……………………………………………………………	10
	有单眼 ……………………………………………………………	18
10	翅有10～11条脉伸达翅缘;前缘脉环绕翅缘 ………………………………	11
	翅最多有7条脉伸达翅缘;前缘脉终于翅端附近 ……………………………	14
11	翅狭长而端圆;翅基室长…………………………………………………	12

实验二十四　长翅目、毛翅目及双翅目昆虫的鉴定

	翅宽而端尖；翅基室短，近翅基部 ·· 蛾蠓科 Psychodidae
12	体翅无鳞片；喙短 ··· 13
	体翅有鳞片；喙长 ·· 蚊科 Culicidae
13	R_{2+3} 脉直；触角有长而密的环毛 ·· 幽蚊科 Chaoboridae
	R_{2+3} 脉向前弓弯；触角有短而稀疏的毛 ·· 细蚊科 Dixidae
14	翅有 6~7 条脉伸达翅缘；前缘脉在 R_{4+5} 脉末端下无缺刻 ······························· 15
	翅有 2~4 条脉伸达翅缘；前缘脉在 R_{4+5} 脉末端下有缺刻 ············ 瘿蚊科 Cecidomyiidae
15	触角短，约与头等长 ··· 16
	触角长，至少为头长的 2 倍 ··· 17
16	有 R_{2+3} 脉 ·· 奇蚋科 Thaumaleidae
	无 R_{2+3} 脉 ··· 蚋科 Simuliidae
17	中脉明显 2 条；径脉伸达翅缘不多于 2 条 ·· 蠓科 Ceratopogonidae
	中脉明显 1 条；径脉有 3 条伸达翅缘 ·· 摇蚊科 Chironomidae
18	R_{2+3} 脉与 R_{4+5} 脉之间无横脉 ··· 19
	R_{2+3} 脉与 R_{4+5} 脉之间有横脉 ··· 粗脉蚊科 Pachyneuridae
19	径脉不多于 3 条 ·· 20
	径脉有 4 条；爪垫发达 ··· 极蚊科 Axymyiidae
20	翅有中室 ·· 21
	翅无中室 ·· 殊蠓科 Anisopodidae
21	爪垫和中垫无或退化 ··· 22
	爪垫和中垫均发达 ··· 毛蚊科 Bibionidae
22	复眼在触角下远离，背面分开或相接 ··· 23
	复眼在触角下相接，背面则合并 ··· 联脉蚊科 Synneuridae
23	足胫节有端距；翅脉大多明显 ··· 24
	足胫节无端距；翅脉仅前缘脉和径脉明显，其余微弱 ············ 粪蚊科 Scatopsidae
24	复眼背面相接 ·· 眼蕈蚊科 Sciaridae
	复眼左右远离 ··· 菌蚊科 Mycetophilidae
25	触角第 3 节分节不明显或具端刺；幼虫半头型（短角亚目 Brachycera） ········· 26
	触角第 3 节较粗大，具触角芒；幼虫无头型（环列亚目 Cyclorrhapha） ········· 44
26	爪间突垫状 ·· 27
	爪间突刚毛状或完全缺如 ··· 37
27	头部较大，其宽度超过胸部的一半；腋瓣较小，小于头宽 ····························· 28
	头部很小，其宽度通常不超过胸部的一半；腋瓣很大，大于头宽 ················ 小头虻科 Acroceridae
28	翅脉正常，径脉和中脉的分支向外伸较分开，无斜脉从第 1 基室端部直伸向翅后缘 ··· ··· 29
	翅脉特殊，径脉和中脉的分支向前弯终止于翅顶角前，有 1 支斜脉从第 1 基室端部

	直伸向翅后缘 ································· 网翅虻科 Nemestrinidae
29	唇基强烈隆突 ·· 30
	唇基较平 ·· 32
30	后胸气门后有鳞形片；雌性尾须1节 ································· 31
	后胸气门后无鳞形片；雌性尾须2节 ················ 鹬虻科 Rhagionidae
31	下腋瓣很大；触角鞭节非肾形、多节，无触角芒；前缘室开放 ······ 虻科 Tabanidae
	下腋瓣小；触角鞭节肾形，有亚端生的触角芒；前缘室关闭 ··· 伪鹬虻科 Athericidae
32	前胸腹板与前胸侧板愈合；前缘脉终止于 M_2 脉末端处或之前 ············ 33
	前胸腹板与前胸侧板分开；前缘脉环绕整个翅缘，若不如此则触角鞭节10节以上呈锯齿状或栉状 ·· 34
33	后足胫节有距；第4后室关闭；翅脉位置不前移；盘室大 ······ 木虻科 Xylomyidae
	后足胫节无距；第4后室开放；翅脉位置前移；盘室小 ······ 水虻科 Stratiomyidae
34	R_5 脉明显终止于翅顶角之后 ·································· 35
	R_5 脉终止于翅顶角前 ·· 36
35	翅瓣发达，缘隆突 ·· 臭虻科 Coenomyiidae
	翅瓣窄，缘直 ·· 穴虻科 Vermileonidae
36	触角鞭节8节，非栉状或锯齿状 ·································· 食木虻科 Xylophagidae
	触角鞭节至少10节，栉状或锯齿状 ································ 肋角虻科 Rachiceridae
37	臀室远离翅缘较远处关闭，有时退化 ·································· 38
	臀室开放或在翅后缘附近关闭 ·· 39
38	第2基室和盘室分开；体无金绿色 ······························ 舞虻科 Empididae
	第2基室和盘室愈合；体一般金绿色 ······················ 长足虻科 Dolichopodidae
39	颜中部隆突，有口髭；头顶凹陷 ·································· 40
	颜中部不隆突，无口髭；头顶不凹陷 ································ 41
40	有3单眼 ·· 食虫虻科 Asilidae
	仅有1单眼 ·· 拟食虫虻科 Mydidae
41	M_1 脉不向前弯；腹部第2背板中央无刺或齿带 ··················· 42
	M_1 脉向前弯向 R_5，终止于翅端之前或 R_5 脉上；腹部第2背板中央有刺或齿带；鞭节1节，末端有1微小的刺突 ······················ 窗虻科 Scenopidae
42	复眼内缘在触角之下大致直 ·· 43
	复眼内缘在触角附近明显向外呈弧形拱突 ·················· 喜虻科 Hilarimorphidae
43	第2基室端部有4个角；身体有粗鬃 ······················· 剑虻科 Therevidae
	第2基室端部有3个角；身体一般无粗鬃 ···················· 蜂虻科 Bombyliidae
44	无额囊缝或新月片（无缝组 Aschiza）······························· 45
	有额囊缝或新月片（有缝组 Schizophora）·························· 49
45	翅无中室 ·· 46
	翅有中室 ·· 47

实验二十四　长翅目、毛翅目及双翅目昆虫的鉴定

46	翅端尖，有横脉和小的基室 ·································	尖翅蝇科 Lonchopgteridae
	翅端钝圆，无横脉和基室 ·····································	蚤蝇科 Phoridae
47	头不特别大 ···	48
	头极大 ···	头蝇科 Pipunculidae
48	R_{4+5} 脉与 M_{1+2} 脉之间无伪脉 ························	扁足蝇科 Platypezidae
	R_{4+5} 脉与 M_{1+2} 脉之间有一条两端游离的伪脉 ············	食蚜蝇科 Syrphidae
49	体正常；足基节不远离 ···································	50
	体背腹扁平；足基节远离（蛹蝇类 Pupipara） ···············	120
50	翅有下腋瓣（有瓣类 Calyptratae） ························	51
	前翅无下腋瓣（无瓣类 Acalyptratae） ·····················	61
51	口孔小 ···	52
	口孔正常 ···	54
52	M_{1+2} 脉向翅前缘弯曲；下腋瓣大 ·······················	53
	M_{1+2} 脉直，小腋瓣小 ·································	胃蝇科 Gasterophilidae
53	颜中部窄 ···	狂蝇科 Oestridae
	颜中部不变窄 ···	皮蝇科 Hypodermatidae
54	下侧片无鬃或有不成列的鬃；翅侧片无毛或鬃 ···············	55
	下侧片有成列的鬃；翅侧片有毛或鬃 ·······················	58
55	下腋瓣发达 ···	56
	下腋瓣很不发达，近线形 ·································	粪蝇科 Scathophagidae
56	Cu_1+1A 脉不伸达翅后缘；M_{1+2} 脉端部弯曲 ············	57
	Cu_1+1A 脉伸达翅后缘；M_{1+2} 脉端部直 ················	花蝇科 Anthomyiidae
57	Cu_1+1A 脉长于 2A 脉，2A 脉不弯曲 ·······················	蝇科 Muscidae
	Cu_1+1A 脉短，2A 脉强烈向前弯曲 ························	厕蝇科 Fanniidae
58	后小盾片不明显 ···	59
	后小盾片发达，呈垫状 ···································	寄蝇科 Tachinidae
59	外肩后鬃位置比沟前鬃高或在同一水平上；背侧片仅有 2 鬃（极少有 3 鬃）；前胸基腹片无毛 ···	60
	外肩后鬃位置比沟前鬃低；背侧片常有 4 鬃；前胸基腹片一般具毛 ···	丽蝇科 Calliphoridae
60	触角芒基半部有羽状毛，端半部裸或具小毛 ·················	麻蝇科 Sarcophagidae
	触角芒有短细毛 ···	邻寄蝇科 Rhinophoridae
61	喙短 ···	62
	喙很长，膝状弯曲 ·······································	眼蝇科 Conopidae
62	前缘脉完整；亚前缘脉通常与 R_1 脉明显分开，终止于翅前缘 ···	63
	前缘脉不完整，有缺刻；亚前缘脉不完整，不终止于翅前缘 ····	86
63	亚前缘脉完整，终止于翅前缘；有臀室 ·····················	64

	亚前缘脉不完整，不终止于翅前缘；臀室小或无 ································· 85
64	有髭 ··· 65
	无髭 ··· 68
65	下颚须发达 ·· 66
	下颚须很小；头球形，腹部基部狭窄 ································· 鼓翅蝇科 Sepsidae
66	胸部隆突 ·· 67
	胸部扁平；体和足有粗鬃 ··· 扁蝇科 Coelopidae
67	触角第2节外缘有角突；胫节有端前鬃 ······················· 腐木蝇科 Clusiidae
	触角第2节外缘无角突；胫节无端前鬃 ····················· 巢蝇科 Neottiophilidae
68	第1后室末端窄或关闭，腹部和足细长 ································· 69
	第1后室开放，如狭窄，则腹部短；足不细长 ································· 72
69	眼大，颊窄 ··· 70
	眼中等大，颊不窄 ·· 71
70	前胸小；有单眼鬃和肩鬃 ··· 瘦腹蝇科 Tanypezidae
	前胸细长；无单眼鬃和肩鬃 ·· 马来蝇科 Nothybidae
71	前足比中后足短，前足基节短；触角第2节无指状突 ········· 瘦足蝇科 Micropezidae
	前足比中后足长，前足基节长；触角第2节有指状突 ············· 指角蝇科 Neriidae
72	部分或全部足胫节有端背鬃 ··· 73
	足胫节无端背鬃 ··· 77
73	小盾片小，不盖住翅和腹部 ··· 74
	小盾片很大，盖住翅和腹部，外观类似甲虫 ······················· 甲蝇科 Celyphidae
74	胸部突起 ·· 75
	胸部扁平；体和足有粗鬃 ··· 扁蝇科 Coelopidae
75	臀脉长，伸达翅后缘；后顶鬃平行或分歧；触角第2节极少有背鬃 ············ 76
	臀脉短；后顶鬃汇合或交叉；触角第2节有背鬃 ···················· 缟蝇科 Lauxaniidae
76	R_1脉长，在翅中央以后终止前缘脉；上唇基明显 ············· 圆头蝇科 Dryomyzidae
	R_1脉短，在翅中央以前终止前缘脉；上唇基退化 ··················· 沼蝇科 Sciomyzidae
77	头部不侧向延伸 ··· 78
	头部侧向延伸呈长柄状 ··· 突眼蝇科 Diopsidae
78	Cu_1+1A脉不曲折成一角度，臀室无尖的端角；R_1脉无毛 ··············· 79
	Cu_1+1A脉曲折成一角度，臀室有尖的端角；R_1脉常有毛 ··············· 81
79	后足腿节常细，无腹齿；基室短 ··· 80
	后足腿节很粗，有腹齿；基室长 ································ 刺股蝇科 Megamerinidae
80	下颚须发达；后顶鬃汇合 ·· 斑腹蝇科 Chamaemyiidae
	下颚须很小；后顶鬃分歧 ··· 鼓翅蝇科 Sepsidae
81	第1径脉常有毛，若无毛则第1后室端宽 ·· 82
	第1径脉常无毛；第1后室端窄或关闭 ····························· 小金蝇科 Ulidiidae

82	有单眼；产卵器扁平	83
	无单眼；产卵器圆锥状	羌蝇科 Pyrgotidae
83	触角第 3 节端尖	84
	触角第 3 节端钝	邻斑蝇科 Pterocallidae
84	口孔很大；无前胸侧片鬃和腹侧片鬃	广口蝇科 Platystomatidae
	口孔较小；有前胸侧片鬃和腹侧片鬃	斑蝇科 Otitidae
85	前缘脉终于 R_{4+5} 脉端；r-m 脉位于翅中部	树洞蝇科 Periscelididae
	前缘脉终于 M_{1+2} 脉端；r-m 脉位于翅基部	寡脉蝇科 Asteiidae
86	前缘脉仅有 1 缺刻位于亚前缘脉末端附近	87
	前缘脉有 2 缺刻位于肩横脉和亚前缘脉末端附近或仅有 1 缺刻在肩横脉	109
87	亚前缘脉完整，终于前缘脉	88
	亚前缘脉不完整，不终于前缘脉	98
88	有髭	89
	无髭	96
89	后顶鬃分歧，平行或缺	90
	后顶鬃汇合或交叉	94
90	第 2 基室与中室分开	91
	第 2 基室与中室愈合	角蛹蝇科 Aulacigstridae
91	触角第 2 节端无角突	92
	触角第 2 节端有角突	腐木蝇科 Clusiidae
92	复眼圆形；后头不凹；产卵管退化	93
	复眼大，半圆形；后头凹；产卵管长	尖尾蝇科 Lonchaeidae
93	前缘脉无鬃；R_1 脉无毛；臀脉短，不达翅后缘	酪蝇科 Piophilidae
	前缘脉有鬃；R_1 脉有毛；臀脉达翅后缘	巢蝇科 Neottiophilidae
94	亚前缘脉末端与 R_1 脉愈合	95
	亚前缘脉与 R_1 脉分开，终于翅前缘	日蝇科 Heleomyzidae
95	胫节有端前鬃；前缘脉有鬃	锯翅蝇科 Trixoscelidae
	胫节无端前鬃；前缘脉无鬃	彩眼蝇科 Chyromyidae
96	Cu_1+1A 脉向后弯曲；臀脉明显	97
	Cu_1+1A 脉直；臀脉退化；口孔大	滨蝇科 Canaceidae
97	头部半球形；复眼纵半圆形	尖尾蝇科 Lonchaeidae
	头部球形；复眼圆形	草蝇科 Pallopteridae
98	无臀室	99
	有臀室	100
99	单眼三角区大；后顶鬃汇合或无	秆蝇科 Chloropidae
	单眼三角区小；后顶鬃分歧	寡脉蝇科 Asteiidae
100	后足跗节不短粗	101

	后足跗节短粗 ·· 小粪蝇科 Sphaeroceridae	
101	后顶鬃分歧或无，如汇合，则缝前背中鬃不发达；侧额鬃前弯 ············	102
	后顶鬃汇合；有缝前背中鬃；侧额鬃外侧弯 ············ 岸蝇科 Tethinidae	
102	胫节无端前鬃 ··	103
	胫节有端前鬃 ·· 树创蝇科 Odiniidae	
103	亚前缘脉端细 ··	104
	亚前缘脉端不变细 ·· 滨蝇科 Canacidae	
104	有髭 ··	105
	无髭 ··	107
105	r-m 脉与 m-cu 脉不接近 ··	106
	r-m 脉与 m-cu 脉相互接近，位于翅基部 ············ 奇蝇科 Teratomyzidae	
106	后顶鬃汇合或无；触角芒基节长大于宽 ············ 小花蝇科 Anthomyzidae	
	后顶鬃分歧或无；触角芒基节长小于宽 ············ 潜蝇科 Agromyzidae	
107	无缝前背中鬃；无腹侧片鬃 ··	108
	有缝前背中鬃；有 1 根腹侧片鬃 ···················· 禾蝇科 Opomyzidae	
108	背侧鬃无或仅 1 根 ·· 茎蝇科 Psilidae	
	背侧鬃 2 根 ·· 圆目蝇科 Strongylophthalmyidae	
109	亚前缘脉端部不直角前弯 ··	110
	亚前缘脉端部直角前弯；臀室有尖的端角 ············ 实蝇科 Tephritidae	
110	亚前缘脉完整，终于前缘脉 ··	111
	亚前缘脉不完整，端游离或终止于 R_1 脉 ······························	112
111	触角缩入沟内；颜凹 ···································· 尸蝇科 Thyreophoridae	
	触角外露；颜平 ·· 腐木蝇科 Clusiidae	
112	有明显触角芒 ··	113
	无明显触角芒，仅在第 3 节背端角可见 1 小刺 ········ 隐芒蝇科 Cryptochetidae	
113	后顶鬃分歧 ··	114
	后顶鬃汇合或平行 ··	115
114	有臀室 ·· 潜蝇科 Agromyzidae	
	无臀室 ·· 水蝇科 Ephydridae	
115	有内弯的下侧额鬃 ··	116
	无内弯的下侧额鬃 ··	117
116	后顶鬃汇合；喙长，膝状 ································ 叶蝇科 Milichiidae	
	后顶鬃平行；喙短 ·· 鸟蝇科 Carnidae	
117	无臀室 ··	118
	有臀室 ··	119
118	后足第 1 节短粗 ·· 小粪蝇科 Sphaeroceridae	
	后足第 1 节细长 ·· 伪禾蝇科 Pseudopomyzidae	

119	上前侧片无毛 ···	果蝇科 Drosophilidae
	上前侧片后缘有毛 ···	小果蝇科 Diastatidae
120	胸部与腹部明显分开，小盾片发达；寄生于鸟类与哺乳类 ············	121
	中胸短，似腹节，无小盾片；无翅；与蜜蜂共栖 ············	蜂蝇科 Braulidae
121	头大，不能折入胸部前沟槽内 ···	122
	头小，能折入胸部前沟槽内；无翅；寄生于蝙蝠 ············	蛛蝇科 Nycteribiidae
122	下颚须扁片状；有翅时，有平行纵脉和横脉；爪简单；寄生于蝙蝠 ············ ···	蝠蝇科 Streblidae
	下颚须细长；有翅时，翅脉集中在翅前缘；爪强；寄生于鸟类与哺乳类体外 ······ ··	虱蝇科 Hippoboscidae

【作业与思考题】

①用双翅目分科检索表鉴定所给标本，并简述各自分科特征。

②将所给标本编制成双项式分科检索表。

③用1~3条特征区别下列各科：A. 大蚊科与蚊科和摇蚊科；B. 虻科与水虻科和食虫虻科；C. 水蝇科与潜蝇科和杆蝇科；D. 家蝇科与花蝇科；E. 丽蝇科与寄蝇科；F. 寄蝇科与麻蝇科。

④掌握长翅目、毛翅目、双翅目各目主要识别特征及双翅目的大蚊科、蚊科、瘿蚊科、虻科、食虫虻科、拟食虫虻科、食蚜蝇科、实蝇科、果蝇科、水蝇科、潜蝇科、杆蝇科、家蝇科、花蝇科、丽蝇科、麻蝇科、寄蝇科等重要科的主要识别特征和拉丁文学名。

实验二十五　蚤目和膜翅目昆虫的鉴定

【目的】
① 了解并掌握蚤目和膜翅目及主要科的形态鉴别特征。
② 识别一些重要科的代表种类。

【材料】跳蚤、叶蜂、树蜂、茎蜂、小蜂、金小蜂、跳小蜂、蚜小蜂、姬小蜂、赤眼蜂、姬蜂、茧蜂、青蜂、土蜂、蚂蚁、蛛蜂、胡蜂、蜾蠃、蜂蜜蜂、泥蜂、木蜂、熊蜂等代表科昆虫；酒精、甲醛等配制的浸泡液。

【用具】解剖镜、解剖针、蜡盘、镊子、放大镜、昆虫针、大头针等。

【内容与方法】

1. 应用蚤目和膜翅目昆虫分科检索表，结合教材观察并掌握各目级重要科的识别特征

2. 学习编制双项式分类检索表

3. 识别膜翅目常见昆虫种类

4. 熟记膜翅目重要科的拉丁文学名

蚤目分科检索表

1　2~7 腹节背板各具 1 列鬃；第 1 腹节气门远高于后胸前侧片的上缘；后足胫节外侧无端齿；臀板每侧杯陷数不多于 14 个 ·················· 蚤总科 Pulicoidea
　2~7 腹节背板通常各具 2 列以上鬃；第 1 腹节气门不高于或仅微高于后胸前侧片的上缘；后足胫节外侧通常有端齿；臀板每侧通常不少于 16 个杯陷（奇蚤科 Chimaeropsyllidae 仅 14 个杯陷） ·· 2

2　中胸侧杆端不分叉；具幕骨前臂；无颊栉及前胸栉；前胸背板腹缘不分为两叶；第 5 跗节通常仅 4 对侧蹠鬃；分布于新热带及新北界的南端（柔蚤总科 Malacopsylloidea）
　··· 3
　不具备上述综合特征 ·· 4

3　前胸背板具亚基鬃列，而通常位于中后部的主鬃列缺如；无额突（或脱落）；后足第 5 跗节长，其长度不小于第 1 跗节 ······················ 柔蚤科 Malacopsyllidae
　前胸背板具发达的主鬃列；额突发达；后足第 5 跗节明显短于第 1 跗节 ···············
　·· 棒角蚤科 Rhopalopsyllidae

4　头、胸、腹部均无栉；胸腹部背板后缘无端小刺；无臀前鬃，臀板横位；雌虫无肛锥

实验二十五 蚤目和膜翅目昆虫的鉴定

	··· 蠕形蚤总科 Vermipsylloidea
	不具备上述综合特征 ··· 5
5	后胸背板后缘无端小刺（柳氏蚤科 Liuopsyllidae 例外）；臀板（尤其是雌虫）向背方凸出（柳氏蚤科例外）；雄虫第 9 腹板肘部无骨化之阳茎杆向前延伸（多毛蚤总科 Hystrichopsylloidea） ··· 6
	后胸背板后缘具端小刺（剑鬃蚤科 Xiphiopsyllidae 例外）；臀板通常不向背方凸出；雄虫第 9 腹板肘部有阳茎杆向前方延伸（角叶蚤总科 Ceratophylloidea） ············ 12
6	口角处的唇基呈一强度骨化向上的骨片；头、胸均无栉；雌虫具两个受精囊 ··· 切唇蚤科 Coptopsyllidae
	同时具颊栉或腹栉；通常仅具 1 个受精囊（多毛蚤科 Hystrichopsyllidae 例外） ····· 7
7	额部具垂直走行的栉，分布于澳洲及南美 ······················ 盔冠蚤科 Stephanocircidae
	额部无垂直走行的栉 ·· 8
8	基腹板前缘与后胸后侧片之间有骨化小杆相连，称腹连接板；无颊栉；臀板明显背凸 ··· 臀蚤科 Pygiopsyllidae
	基腹板前缘与后胸后侧片之间常无明显的骨化小杆（栉眼蚤科 Ctenophthalmidae 的新蚤亚科 Neopsyllinae 有的蚤种具骨化小杆但也具颊栉）；臀板通常仅微凸 ········· 9
9	臀板每侧仅 14 个杯陷；后足基节亚端有小刺鬃；第 5 跗节仅 4 对侧蹠鬃；分布于非洲 ··· 奇蚤科 Chimaeropsyllidae
	臀板每侧不少于 16 个杯陷 ··· 10
10	后胸背板后缘有端小刺；颊栉 4 根由两组栉刺组成；雄虫具抱器体前端突；雌虫臀板平直 ··· 柳氏蚤科 Liuopsyllidae
	后胸背板后端无端小刺；如具颊栉则并非分为两组；雄虫无抱器体前端突；雌虫臀板微凸 ·· 11
11	雄虫触角棒节通常未达前胸腹侧板；雌虫仅具 1 个受精囊 ··· 栉眼蚤科 Ctenophthalmidae
	雄虫触角棒节长达前胸腹侧板；雌虫具 2 个受精囊 ····· 多毛蚤科 Hystrichopsyllidae
12	口前栉且通常由 2（3）根栉刺组成；寄生于翼手目 ············ 蝠蚤科 Ischnopsyllidae
	无口前栉，宿主非翼手目 ·· 13
13	后胸背板较短，其宽（高）度大于长度，且其后缘无端小刺；雄虫第 9 腹板前臂明显退化；分布于非洲东部 ··· 剑鬃蚤科 Xiphiopsyllidae
	后胸背板长度不小于宽度且其后缘有端小刺；雄虫第 9 腹板前臂未退化 ············· 14
14	无额突，具 2 根骨化且形如钩状的眼鬃；臀背鬃退化，雌虫无肛锥 ··· 钩鬃蚤科 Ancistropsyllidae
	有额突而无上述特化的眼鬃；臀前鬃发达；雌虫有肛锥 ································· 15
15	有或无颊栉；眼前有幕骨拱；眼鬃高于眼的上缘；位于或靠近触角窝的前缘；眼发达（常有窦）或退化；通常具角间缝；雄虫第 8 腹板通常较发达 ··· 细蚤科 Leptopsyllidae

无颊栉；眼发达；其前通常无幕骨拱；眼鬃位于眼前，多数低下眼的上缘并远离触角窝的前缘；无角间缝；雄虫第 8 腹板窄小或退化 ········· 角叶蚤科 Ceratophyllidae

膜翅目分科检索表

1 后翅基室 3 个；腹部宽而无柄，接触面大（此特征不可单独使用，如一些微细的小蜂也有此特征）；除尾蜂（为数甚少）寄生于钻蛀性的天牛和吉丁虫幼虫体上以外，均为植食性（广腰亚目 Symphyta）·· 2
  后翅基室少于 3 个；腹部基部缩减，具柄或略成柄状（细腰亚目 Apocrita） ······· 13
2 前足胫节端部有 2 个距 ··· 3
  前足胫节端部有 1 个距 ··· 10
3 前翅的翅痣下有 3 个径室（即缘室） ······················· 长节锯蜂科 Xyelidae
  前翅的翅痣下有 1 个或 2 个径室 ··· 4
4 前翅亚缘脉（Sc）明显 ······································ 卷叶锯蜂科 Pamphiliidae
  前翅亚缘脉（Sc）仅留痕迹或无 ··· 5
5 前胸背板后缘近乎直线或略向前凹 ························ 锯蜂科 Megalodontidae
  前胸背板后缘向前深凹 ··· 6
6 触角端部显然膨大呈棒状 ·································· 锤角叶蜂科 Cimbicidae
  触角不呈棍棒状 ··· 7
7 触角 3 节，第 3 节极长，雄虫第 3 呈叉状 ··············· 三节叶蜂科 Argidae
  触角 4 节或更多 ··· 8
8 触角 4 节，第 3 节极长，第 4 节很小 ··············· 四节叶蜂科 Blasticotomidae
  触角至少 6 节 ··· 9
9 触角一般 7～10 节 ·· 叶蜂科 Tenthredinidae
  触角一般 13 节以上（稀有 6 节者），多呈锯状或栉状 ····· 锯角叶蜂科 Diprionidae
10 触角着生在眼及唇基的下方，即在口器的上面 ············· 尾蜂科 Oryssidae
   触角着生在两复眼的中间，唇基的上方 ·· 11
11 前胸背板后缘近乎直线或略向前凹；腹部多少有些侧扁 ····· 茎蜂科 Cephidae
   前胸背板后缘向前深凹，腹部多少呈筒形 ··· 12
12 中胸背板有盾侧沟；腹部末端无角状突；下颚须 4 节 ····· 长颈树蜂科 Xiphydriidae
   中胸背板无盾侧沟；腹部末端有角状突起；下颚须 1 节 ······· 树蜂科 Siricidae
13 雌虫最后腹节的腹板纵裂，产卵管从腹末端的前方伸出，并具有 1 对与产卵管等长而狭的鞘；前翅有或无前缘室；后翅往往无臀叶；转节 1 节或 2 节（锥尾部 Terebrantia）··· 14
   雌虫最后腹节的腹板不纵裂，产卵管从腹部末端伸出，常为 1 针刺而无 1 对突出的鞘；前翅前缘室常存在；后翅常有臀叶；转节常为 1 节（针尾部 Aculeata）······· 49
14 前后翅翅脉发达；前翅有翅痣，通常三角形或少数长形或线形；前缘脉发达，止于翅痣；腹部腹板通常膜质而软，且有 1 中褶；触角不呈膝状，常有 16 节或 6 节以

实验二十五　蚤目和膜翅目昆虫的鉴定

	上，转节2节（姬蜂总科 Ichneumonoidea） ·· 15
	前后翅翅脉退化；前翅无翅痣；前缘脉远细于亚前缘脉；腹部腹面坚硬骨质化，无中褶；触角丝状或膝状，常少于14节；转节1节或2节 ······························ 21
15	前缘脉与亚缘脉会合，无前缘室 ·· 16
	前缘脉与亚前缘脉分开，有一狭长的前缘室 ·· 17
16	回脉2条，若仅1条回脉，则腹部长度为其余长度的3倍，且并胸腹节顶端延长超过后足基节；第1盘室与第1肘室不分开；腹部一般皆可自由活动；体形大小不等，体长（产卵管除外）从几毫米到40mm 以上 ·················· 姬蜂科 Ichneumonidae
	回脉1条或缺，腹部一般不很延长，并胸腹节超过后足基节；第1盘室与第1肘室分开；通常第2及第3腹节联在一起，背面不能自由活动；体长很少超过12mm ·· 茧蜂科 Braconidae
17	腹部着生在并胸腹节上面，远在后足基部上方，通常在一乳头状的突起上；触角13～14节 ··· 18
	腹部着生位置正常，在并胸腹节下面位于基节基部之间或稍上方；触角18节或18节以上 ·· 20
18	前翅有2回脉；有2个多少完全关闭的肘室，第2肘室由于第2肘脉部分消失而部分开放；甲虫及锯蜂的寄生蜂 ································ 举腹姬蜂科 Aulacidae
	前翅有1或无回脉；仅有1个显著关闭的肘室，或无 ··································· 19
19	前胸长，似颈；腹部细长，至末端逐渐地呈棍棒状；前翅径室长，尖形；休止时翅纵褶；胡蜂和蜜蜂的寄生蜂 ······························ 褶翅姬蜂科 Gasteruptionidae
	前胸短，不似颈；腹部短，扁圆形似旗状，前翅径室短宽或无；前翅不折叠，寄生螳螂及蜚蠊卵或黄蜂幼虫 ·· 旗腹姬蜂科 Evaniidae
20	前翅具2个或3个关闭的肘室；后翅有2个大闭室；触角18节或18节以上；头部大而呈方形；后足腿节无齿；产卵管短而隐蔽；中等大小，常有美丽色彩 ··· 钩腹姬蜂科 Trigonalidae
	前翅仅具1个关闭的肘室或缺；后翅有或无闭室；触角30～70节；头部球形背面具瘤；后足腿节大，下方有齿；腹部细长，产卵管长；树木及其他钻蛀性昆虫幼虫的寄生蜂 ··· 冠蜂科（锤腹姬蜂科）Stephanidae
21	前胸背板两侧向后延伸达翅基片；触角不呈膝状；缺胸腹侧片；转节常仅1节；翅有径室，多少完整，翅痣极少发达；体多侧扁（瘿蜂总科 Cynipoidea） ············ 22
	前胸背板不达翅基片，唯柄腹柄翅缨小蜂科例外；触角多少呈明显的膝状；胸腹侧片常存在；转节常2节；翅膝很退化，通常有1个线形的肘膝（痣脉），缺径室（小蜂总科 Chalcidoidea） ·· 24
22	后足第2跗节外侧具1笔尖状的突起达于第4节顶端；腹部强度侧扁呈刀状，侧观腹部最大的背板是第4节、第5节或第6节，在腹柄之后最大背板之前至少有2个短背板；翅脉相当发达，径室关闭，长约为宽的9倍；大多为大型种类；寄生双翅目及胡蜂 ··· 枝跗瘿蜂科 Ibaliidae

	后足第 2 跗节外侧无突起，腹部球状或稍侧扁，绝不呈刀状，侧观腹部最大的背板是第 2 节或第 3 节，最大背板前的短背板不多于 1 个；大多为小形种类 ………… 23
23	腹部背板沿腹面会合完全包围了腹板，有时仅肛下板的一部分除外；第 2 腹节背板的大小短于腹部的一半；小盾片后端有刺；双翅目幼虫寄生蜂 ……………………………………………………………………………………… 环腹瘿蜂科 Figitidae
	腹部背板通常伸到腹部两侧甚下方，但不在腹面会合，全部或几乎全部腹板可以看到；第 2 腹节背板（或愈合的第 2 节、第 3 节背板）最大，常至少为腹部的一半；小盾片后端无刺；多数为作瘿种类 ………………………………… 瘿蜂科 Cynipidae
24	体长在 1mm 以下，卵寄生 …………………………………………………… 25
	体较长大，很少在 1mm 以下 …………………………………………………… 27
25	腹柄长，2 节，翅具泡沫状刻纹，具长柄、长缨，膝退化；前胸伸到前翅翅基 …………………………………………………… 柄腹柄翅缨小蜂科 Mymarommidae
	腹柄 1 节或不明显，隐藏；翅面不具泡沫状刻纹；前胸不伸到前翅翅基，为三角形的胸腹侧片所隔断 ……………………………………………………… 26
26	跗节 3 节；触角短，索节最多 2 节；体长 0.5mm 左右；后缘脉退化，翅上刚毛常呈放射状排列 …………………………… 纹翅小蜂科（赤眼蜂科）Trichogrammatidae
	跗节 4～5 节；触角间距离大，雌蜂触角 8～13 节，棒节呈卵圆形，不分节，雄蜂触角呈鞭状，额颜区在触角之上具横沟沿复眼内缘伸展；翅基常呈柄状，翅缘具长缨，体常短于 1mm，体色黄、褐或黑色，无金属光泽 ……………………………………………………………………………………… 柄翅小蜂科（缨小蜂科）Mymaridae
27	前、后足甚短而肥胖，其胫节长不及腿节的 1/2；头与体呈水平方向，颜面凹陷甚深；雄性常无翅；植食性，为无花果属植物的传粉昆虫 ………… 榕小蜂科 Agaonidae
	前、后足胫节不特别缩短；头与体呈垂直方向，颜面很少深陷 ……………… 28
28	后足基节呈盘状，扇形、三角形扁平膨大；翅长过无柄的腹部末端，呈楔状或前后缘平行；触角最多 10 节，雄蜂常有分支，雌蜂索节 3 节；跗节 4～5 节；体呈铁黑色或具黄色斑纹 …………………………… 扁股小蜂科（纹腿小蜂科）Elasmidae
	后足基节不呈盘状扁平膨大；其他特征不如上述 …………………………… 29
29	后足腿节特别膨大（基节不大，呈柱状），腹面具齿，后足胫节弧状；体中型至大型，强度骨化，无金属光泽 ……………………………………………… 30
	后足腿节正常，仅极少数膨大并具齿，如膨大则后足胫节直，且后基节至少 3 倍长于前足基节；体多有金属光泽 ……………………………………………… 31
30	前翅纵褶如胡蜂；产卵器伸向腹部背面前方；体色黑具黄色或红色斑；体长 5～10mm；以胡蜂总科及蜜蜂总科昆虫为寄主 ………………… 褶翅小蜂科 Leucospidae
	前翅不纵褶；产卵器即使很长也不向腹部背面弯曲前伸，而是直向后伸；腹部常无黄色斑纹；体长 2～7mm；多为鞘翅目及鳞翅目昆虫的初寄生或重寄生蜂，双翅目昆虫的初寄生蜂，也有的是三重或四重寄生的种类 ………… 小蜂科 Chalcidae
31	中胸三角片前端前伸，超过翅基连线，触角少于 10 节 ……………………… 32

实验二十五 蚤目和膜翅目昆虫的鉴定

	中胸三角片前端不超过翅基连线 ································· 36
32	跗节 4～5 节；体黄或褐色，很少黑色，无金属光泽，缘脉长，付脉及后缘脉不清楚；体长 1mm 左右；触角短，最多 8 节（环状节在外）；盾纵沟明显；腹宽无柄；多寄生介壳虫及蚜虫 ································· 蚜小蜂科 Aphelinidae
	跗节 4 节；体有金属光泽，很少数为黑色或黄色；肘脉或后缘脉或二者明显发达；体长常大于 1mm ································· （广义的）姬小蜂科 Eulophidae 33
33	亚缘脉与缘脉之间相连贯，无折断痕，直通至缘脉 ································· 34
	亚缘脉与缘脉之间不相连贯，其间有折断痕，亚前缘脉不能直接通至缘脉 ······· 35
34	腹具明显的柄；盾纵沟明显、完整；触角着生于颜面的下部，雄蜂触角不分支；头正面多呈三角形，下端狭窄 ································· 狭面姬小蜂科 Elachertidae
	腹无明显的柄；盾纵沟消失或只有前端部分明显；雄蜂触角常分支 ························· ································· 羽角姬小蜂科 Eulophidae
35	亚缘脉（包括前缘脉及亚前缘脉）短，缘脉长，肘脉短，有后缘脉；腹常具明显的柄 ································· 凹面灿姬小蜂科 Entedontidae
	亚缘脉不短于缘脉，肘脉长，无后缘脉；腹无明显的柄；小盾片常具纵沟 1 对 ······ ································· 无后缘姬小蜂科 Tetrastichidae
36	后足基节膨大呈三棱形，显著大于前、中足基节；触角一般 13 节 ············· 37
	后足基节正常，并不显著大于前、中足基节 ································· 38
37	腹部卵圆形，背板平滑有光泽；中胸盾纵沟深，具稠密网状或皱状刻纹；体多少呈僵直状；前胸背板长；产卵器直而长 ············· 长尾小蜂科 Torymidae（=Callimonidae）
	腹部长锥形，末端尖，具齿状粗大刻纹，雄的刻纹呈窝状；中胸盾纵沟浅，有光泽，刻纹稀疏微呈横皱；体结实，触角短；产卵器短，隐蔽于延长的腹节末节；寄生于虫瘿昆虫，特别是蜂类和蝇类 ································· 刻腹小蜂科 Ormyridae
38	胸部特别发达，显著隆起；触角 10～14 节 ································· 39
	胸部不特别发达，不显著隆起 ································· 40
39	腹柄很短，第 1 腹节、第 2 腹节背板长，覆盖其余腹节；腹部横形隆起；触角短，13 节，具 1 环状节及 7 横的索节；胸具粗刻点或细条纹而无网纹，小盾片末端无长突；前翅肘脉不短；为鳞翅目、脉翅目及双翅目的寄生蜂，也可作为重寄生蜂 ······· ································· 巨胸小蜂科 Perilampidae
	腹具长柄，第 1 腹节背板长，覆盖其余腹节；腹部卵圆形，略侧扁；触角 10～14 节，不呈膝状，无特化的环状节或棒节；前胸自背面观隐蔽，其侧面与胸腹侧片相融合，小盾片末端具长的叉状突起；前翅肘脉很短；以蚂蚁为寄主 ····················· ································· 蚁小蜂科 Eucharitidae
40	中胸侧板不完整，为侧脊沟分割为前侧片和后侧片；中足胫节具正常的距 ······ 41
	中胸侧板完整、膨起，中足胫节的距特别发达，长且大 ······················· 42
41	前胸背板短，横形；体有金属光泽 ············· （广义的）金小蜂科 Pteromalidae 45
	前胸背板长，呈长方形或前端稍狭 ································· 47

42	前胸大，钟形，其后缘不清楚而与中胸盾片紧密结合；盾纵沟完整；触角11～12节；雄蜂跗节4节，雌蜂5节，前足胫节距小 ………… 四节金小蜂科 Tetracampidae
	前胸背板小，不呈钟状，其后缘常明显；跗节常为5节；前足胫节明显，弯曲 …… 43
43	腹柄明显；触角着生于颜面中部；缘脉常较肘脉为长，后缘脉长，后足胫节常有2距 ………………………………………………………… 柄腹金小蜂科 Microgasteridae
	腹部无明显的柄 ………………………………………………………………… 44
44	盾纵沟完整；触角往往着生于口缘，常少于13节，小盾片有时向后伸展很长 …… ………………………………………………………… 长盾金小蜂科 Tridymidae
	盾纵沟无或不完整，触角常为13节，具2～3环状节；小盾片正常；后足胫节往往只有1距；寄主范围极广 ………………………… 金小蜂科 Pteromalidae
45	前胸背板呈方形；中胸盾纵沟明显；雌蜂腹部常侧扁，末端延伸呈犁头状，雄腹部圆形，具长柄；体黑色，有的带黄色斑或黄色，无金属光泽；植食性（以种子或禾本科茎为食）或寄生性 ………………………… 广肩小蜂科 Eurytomidae
	前胸背板略呈锥形（梯形）；腹部有时具明显的柄；体具金属光泽 …………… 46
46	头正面观显著长大于宽；胸长，自背面观平整，盾纵沟深；触角8～10节，着生于口缘，若着生较高，则其间为角状突所分开；缘脉长，肘脉及后缘脉短；常为蝇蛹之寄生蜂 ………………………………………………… 俑小蜂科 Spalangiida
	头正面观宽大于长，胸部膨起，盾纵沟明显，少数后端消失；触角11～13节；前足腿节膨大，有时后足腿节亦膨大；多寄生于甲虫幼虫 ………… 肿腿小蜂科 Cleonymidae
47	触角6～7节，具极长而不分节的棒及2～4环状节，无索节；中足胫节距具齿或栉；前翅常呈黑色，翅缘有长缨，后缘脉不发达；体扁，小盾片短，呈横肋状；并胸腹节中部具三角形光亮部分；中胸盾片无盾纵沟，三角片小互相远隔，体黑色发亮，间或黄色；寄生介壳虫 …………… 棒小蜂科 Thysanidae (Signiphoridae)
	触角11～13节，很少具较少的节数；中足胫节距无齿 ……………………… 48
48	中胸背板整个平整或膨起，往往无盾纵沟，中胸盾片与小盾片间的横沟直；前翅缘常短，触角无环状节，索节常少于7节；许多种类为介壳虫的寄生蜂 ……………… ………………………………………………………… 跳小蜂科 Encyrtidae
	中胸背板往往有凹陷或平整，具不明显的盾纵沟，假如膨起并具深的盾纵沟，则中胸侧板分裂（雄）；前翅缘脉长；触角具1环状节，索节常为7节 ………………… ………………………………………………………… 旋小蜂科 Eupelmidae
49	腹部第1节（有时第2节也是）呈鳞片状、小瘤状或柄状，与腹部其余部分明显分开；群体生活（蚁总科 Formicidea）………………………… 蚁科 Formicidae
	腹部第1节不显著缢缩，亦不形成鳞片状，若为结形并有一个细缩部分与柄后腹分开，则第2节形成柄后腹的一部分而不与上下分开 ………………………… 50
50	前胸背板两侧向后延伸，达到或几乎及于翅基片，其后角不呈叶状 ………… 51
	前胸背板短（少数前方延伸成颈），虽后角成圆瓣状，但不向后延伸而达于翅基片 ………………………………………………………………………… 65

51	后翅无明显的脉序和关闭的翅室；通常为小形或微小蜂类	52
	后翅有一明显的脉序，而且至少有一关闭的肘室	60
52	后翅无臀叶；前足腿节正常或端部膨大；前胸左右两腹侧部细，伸向前足基节前方而相接（细蜂总科 Proctotrypoidea＝Serphoidea）	53
	后翅有臀叶；前足腿节显著膨大且末端呈棍棒状；前胸两腹侧部不在前足基节前相接或不明显（肿腿蜂总科 Bethyloidea）	59
53	触角着生在口的附近，靠近唇基的边缘	54
	触角着生在颜面的中部	56
54	腹部尖锐，或沿两侧有锋锐的边缘	55
	腹部两侧圆形；触角 9～11 节；如有翅则径脉发达，但不完全，使径室开放（缘脉常呈痣状）；无后缘脉；同翅目及双翅目的寄生蜂，有时亦寄生于姬蜂和茧蜂而为重寄生	分盾细蜂科 Ceraphronidae
55	触角 10 节，少数节数较少，但绝无较多的；前翅无缘脉或痣脉，至多具一不完全的亚前缘脉，寄生双翅目幼虫，亦有寄生于介壳虫的	广腹细蜂科 Platygasteridae
	触角 11 节或 12 节，如少数为 7～8 节，则棒节不分节，若为 10 节则有痣脉，通常有缘脉和痣脉；寄生于各种昆虫卵的小型寄生蜂	缘腹细蜂科（黑卵蜂科）Scelionidae
56	前翅无翅痣；触角 11～14 节，雌虫触角着生于一颜面隆起上，通常呈显著的棒状；寄生于双翅目幼虫、鳞翅目蛹和甲虫幼虫，亦有寄生螯蜂的	锤角细蜂科 Diapriidae
	前翅具 1 翅痣；触角不着生在颜面隆起上	57
57	触角雌雄均 13 节；腹部有一短圆筒形的柄，第 2 腹节远长于其他各节；前翅有宽的翅痣和一个关闭的通常很小的径室；寄生于甲虫的幼虫及唇足纲	细蜂科 Proctotrupidae
	触角 14～15 节；腹柄较长；前翅翅痣不特别宽，径室不特别狭小	58
58	触角 14 节；基脉完全；腹部强度侧扁	窄腹细蜂科 Roproniidae
	触角 15 节；基脉不完全，其上段缺如；腹部不侧扁；寄生于草蛉、甲虫幼虫、膜翅目幼虫和双翅目幼虫	柄腹细蜂科 Heloridae
59	头部横宽，横大于长，球形或略呈四边形；雌、雄触角均为 10 节；雌蜂前足跗节与爪通常形成钳状（螯），往往无翅；寄生于同翅目昆虫	螯蜂科 Dryinidae
	头部长大于宽，长椭圆形；触角 12～13 节；前足跗节正常；雌蜂、雄蜂均有无翅种类或两性均无翅；寄生鳞翅目及鞘翅目等昆虫	肿腿蜂科 Bethylidae
60	触角 13 节以下：雌蜂 12 节，雄蜂 13 节（偶有例外）；第 1 盘室很长，一般比亚中室长得多；休止时前翅通常纵褶；常营群居生活；成虫中有许多捕食性天敌（胡蜂总科 Yespoidea）	（广义的）胡蜂科 Vespidae
	触角 14 节或 14 节以上；第 1 盘室多数都短于亚中室；前翅很少纵褶；独居种类，不营群居生活	61
61	中胸侧板以斜缝分隔为上下两部；足（包括基节）均甚长，后足腿节显著的长，中	

足胫节有 2 距；蜘蛛的狩猎蜂（蛛蜂总科 Pompiloidea） ············ 蛛蜂科 Pompilidae
中胸侧板无上述分割；足较短，后足腿节常不达腹端（土蜂总科 Scolioidea） ······ 62

62 中胸腹板与后胸腹板合并成一扁平板，此板被一横行而多少有些弯曲的缝所分开，并覆盖于中后足基节的基部；雄虫腹部末端腹板的端部有 3 个刺；雌虫均具翅，翅膜质，闭室之外有细致的纵行皱纹；常为大形有鲜明色泽的蜂类 ······ 土蜂科 Scoliidae
中胸腹板及后胸腹板不形成上述扁平板，而以明显的褶皱区分开，有时具 1 对向后直伸的薄片或薄板覆盖于中足基节的基部；雄虫腹部末节腹板的端部很少有 3 个刺；翅缺少皱纹 ·· 63

63 腹部第 2 背板两侧有毡状微毛带；雌虫无翅，雄虫后翅缺少臀叶，至多在翅臀角后方稍钝形弯入 ·· 蚁蜂科 Mutillidae
腹部第 2 背板两侧无毡状微毛带；雄虫后翅有臀叶 ································· 64

64 复眼内缘凹入深；腹部第 1 腹板、第 2 腹板之间无缢缩；雄虫腹端无附器 ··· 寡毛土蜂科 Sapygidae
复眼内缘不凹入或稍凹入；腹部第 1 腹板、第 2 腹板之间有缢缩；雄虫腹端有附器 ··· 臀钩土蜂科 Tiphiidae

65 中胸背板（包括小盾片）的毛分支成羽毛状；后足第 1 跗节通常大形，常增厚或扁平，常有毛；腹部无柄；传粉昆虫（蜜蜂总科 Apoidea） ························· 83
中胸背板（包括小盾片）的毛简单，不分支；后足第 1 跗节纤细，不宽阔或增厚，常无毛 ·· 99

66 腹部背板 2~4 个，极少可见 5 个；体上一般有粗雕刻并具金属光泽；多数寄生膜翅目和鳞翅目昆虫（青蜂总科 Chrysidoidea） ························· 青蜂科 Chrysididae
腹部背板 6~8 个；腹部常有柄（泥蜂总科 Sphecoidea） ··························· 67

67 中足胫节有 2 距·· 68
中足胫节只 1 距·· 74

68 后胸腹板后面形成一叉形突起；盾纵沟明显而完备；前胸背板长，前面突出呈圆锥形，常有一中沟；雄蜂腹部有 4~6 个显露的背板；狩猎蜚蠊目 *Periplaneta* 属各种 ·· 长背泥蜂科 Ampulicidae
后胸腹板无上述突起，盾纵沟不明显或缺 ··· 69

69 腹部明显有长圆筒形的柄；雄蜂腹部常有 7 个显露的背板；狩猎鳞翅目夜蛾科及尺蛾科幼虫、螽蟴科昆虫和蜘蛛等 ······························· 泥蜂科 Sphecidae
腹部没有柄或柄不明显 ·· 70

70 上唇发达，能活动，三角形或圆形，伸过唇基 ···················· 大唇泥蜂科 Stizidae
上唇短，不伸过唇基 ·· 71

71 径室（即缘室）在末端平截，并延长成一界线不明、末端开放的"翅室"，即成一副室 ·· 异色泥蜂科 Dimorphidae
径室（即缘室）无副室，末端尖 ·· 72

72 触角从唇基上缘附近生出；腹部第 1 节有明显的收缩与第 2 节分开；前翅第 2 肘室

	（即第 2 亚缘室）不连接回脉 ………………………………… 结柄泥蜂科 Mellinidae
	触角从唇基上方额上生出；腹部第 1 节阔；前翅第 2 肘室（即第 2 亚缘室）连接 1～2 根回脉 …………………………………………………………………………… 73
73	中胸有深的腹板沟；前翅第 2 肘室不呈三角形，并胸腹节圆形……………………… ………………………………………………………………… 滑胸泥蜂科 Gorytidae
	中胸没有腹板沟；前翅第 2 肘室（即第 2 亚缘室）呈三角形，其上方有柄；前胸腹节上侧后角有锐刺 ………………………………………… 角胸泥蜂科 Nyssonidae
74	复眼内缘有深凹，前翅只有 1 个肘室；腹部有柄，略成棒状…………………………… ……………………………………………………………… 短翅泥蜂科 Trypoxylidae
	复眼没有凹缺；前翅如有 3 个肘室，第 2 个没有柄………………………………… 75
75	前翅有 2～3 个完全封闭的肘室（即亚缘室） ……………………………………… 76
	前翅只有 1 个封闭的肘室或没有肘室 ……………………………………………… 80
76	上唇大，伸出唇基外成三角形；单眼退化 ………………………… 沙蜂科 Bembicidae
	上唇小，全部隐藏于唇基下；至少有前单眼 ……………………………………… 77
77	腹部第 1 节间、第 2 节间有深的缢缩；后足腿节末端下方有 1 突起……………… ………………………………………………………………… 节腹泥蜂科 Cerceridae
	腹部第 1 节间、第 2 节间无缢缩 …………………………………………………… 78
78	后足腿节端部下方有扁平状的突起，盖住胫节基部；腹部无柄………………………… ………………………………………………………………… 瘤腿泥蜂科 Alyssonidae
	后足腿节端部简单，没有突起 ……………………………………………………… 79
79	前翅径室外没有副室；上颚外侧没有凹痕；复眼内缘没有凹缺；单眼 3 个…………… …………………………………………………………… 短柄泥蜂科 Pemphredoniciae
	前翅径室（即缘室）外有副室，如没有副室则上颚外缘有凹痕；单眼一个，没有侧单眼 ……………………………………………………………… 小唇沙蜂科 Larridae
80	后小盾片有 2 鳞片状突起，并胸腹节上方有 1 刺或叉状突起；前翅肘室与盘室没有完全分开 …………………………………………………………… 刺胸泥蜂科 Oxybelidae
	后小盾片与并胸腹节无上述突起 …………………………………………………… 81
81	后翅有明显的闭室………………………………………………………………… 82
	后翅没有明显的闭室 ……………………………………………… 完眼泥蜂科 Miscophidae
82	前翅径室外有副室；通常黑色，有黄纹 …………………………… 方头泥蜂科 Grabronidae
	前翅径室外有副室 ………………………………（少数）短柄泥蜂科 Pemphredonidae
83	后翅的轭叶与后亚中室（DMD）等长或更长；外颚叶和中唇舌短 ……………… 84
	后翅的轭叶比后亚中室短或缺如；外颚叶和中唇舌通常较长 …………………… 89
84	基脉（bv）明显弯曲，通常有 3 个肘室（即亚缘室）；中唇舌尖削；每个触角窝下方有 1 条亚触角沟 ………………………………………………… 集蜂科 Halictidae
	基脉直或稍微弯曲，有 2～3 个肘室（即亚缘室）；中唇舌尖削、平截或微分为 2 叶；每个触角窝的下方有 1～2 条亚触角沟 ……………………………………… 85

85	有 2 个肘室（即亚缘室）……………………………………………………	86
	有 3 个肘室……………………………………………………………………	87
86	径室（即缘室）端部尖，第 2 肘室比第 1 肘室小；中唇舌平截或分 2 叶，每个触角窝下方有 1 条亚触角沟；黑色蜜蜂，通常颜面具有白色或黄色的边缘………………………………………………………………… 分舌花蜂科 Colletidae	
	径室端部或多或少平截（黄斑花蜂亚科 Panurgina），如尖削（地花蜂亚科 Andreninae 的一些种类）则 2 个肘室等长；中唇舌尖；每个触角窝下方有 2 条亚触角沟；体色多变；但与上述不同……………………………………………… 地花蜂科 Andrenidae	
87	第 2 回脉 S 状；中唇舌平截或分叶，每个触角窝下方有 1 条亚触角沟………………………………………………………………………… 分舌花蜂科 Colletidae	
	第 2 回脉直，不呈 S 状；中唇舌尖；每个触角窝下方有 2 条亚触角沟…………	88
88	径室（即缘室）的顶端在翅的前缘上；翅痣发达；广泛分布…… 地花蜂科 Andrenidae	
	径室（即缘室）顶端弯离翅的前缘脉，翅痣小或缺如；分布于美国西南部………………………………………………………………………… 尖花蜂科 Oxaeidae	
89	下唇须各节小，圆筒形；中唇舌短 ………………………… 准蜜蜂科 Melittidae	
	下唇须第 2 节长且有些扁平；中唇舌长 ……………………………………	90
90	有 2 个肘室（即亚缘室），第 2 室几乎与第 1 室等长；亚触角沟从触角窝外缘伸展………………………………………………………… 切叶蜂科 Megachilidae	
	通常有 3 个肘室；亚触角沟从触角窝中间伸出…………………………	91
91	后胫节不具端距（蜜蜂亚科 Apinae），如具端距（熊蜂亚科 Bombinae），则翅的轭叶不存在；颊宽 ……………………………………………………… 蜜蜂科 Apidae	
	后胫节具端距；后翅有 1 个轭叶，颊很窄 ………………… 花蜂科 Anthophoridae	

【作业与思考题】

①用膜翅目分科检索表鉴定所给标本，并简述各自分科特征。

②将所给标本编制成双项式分科检索表。

③用 1~3 条特征区别下列各科：A. 叶蜂科、树蜂科与茎蜂科；B. 金小蜂科与赤眼蜂科；C. 姬蜂科与茧蜂科；D. 蛛蜂科、胡蜂科与螺蠃科；E. 土蜂科与泥蜂科；F. 木蜂科与熊蜂科；G. 青蜂科与蜜蜂科。

④掌握膜翅目的叶蜂科、树蜂科、茎蜂科、小蜂科、金小蜂科、跳小蜂科、蚜小蜂科、姬小蜂科、赤眼蜂科、姬蜂科、茧蜂科、青蜂科、土蜂科、蚁科、蛛蜂科、胡蜂科、螺蠃科、蜜蜂科、泥蜂科、木蜂科、熊蜂科等重要科的主要识别特征和拉丁文学名。

实验二十六　昆虫发育起点温度与有效积温的测定

【目的】 理解有效积温法则，可根据系列试验数据，掌握昆虫发育起点温度与有效积温的含义及其具体的计算方法。

【原理】 昆虫同其他生物一样，完成其不同的发育阶段（如卵、各龄幼虫、蛹、成虫产卵前期或一个世代等）需要积累一定的热能，即所需要的热能为一常数，以发育时间（D）与发育期的平均温度（T）的乘积表示所需的热能，称为积温常数（K'），单位为日度，即 $K'=DT$。但昆虫各发育阶段只有达到发育起点温度（C）的温度才开始发育，积温在发育起点以上的温度称为有效积温常数（K），即：

$$K = D(T-C)$$

式中，D 为完成某一生长发育阶段或整个世代所需要的时间（d 或 h）；T 为该期平均温度；K 为有效积温；C 为发育起点温度。

将 $V=1/D$ 代入上式可得到：$T=C+KV$

一般通过室内试验，可得到在不同温度（T_1，T_2，T_3，……T_n）条件下昆虫各发育阶段的发育时间（D_1，D_2，D_3，……D_n），并计算出各自的发育速率（V_1，V_2，V_3，……V_n），按照统计学上的"最小二乘法"可求出昆虫的发育起点温度（C）和有效积温（K）为：

$$C = \frac{\sum V^2 \sum T - \sum V \sum VT}{n \sum V^2 - (\sum V)^2} \qquad K = \frac{n \sum VT - \sum V \sum T}{n \sum V^2 - (\sum V)^2}$$

昆虫的发育起点温度（C）和有效积温（K）的标准误分表为 S_C、S_K：

$$S_C = \sqrt{\frac{\sum(T-T')^2}{n-2}\left[\frac{1}{n} + \frac{\bar{V}^2}{\sum(V-\bar{V})^2}\right]} \qquad S_K = \sqrt{\frac{\sum(T-T')^2}{(n-2)\sum(V-\bar{V})^2}}$$

式中，$\bar{V}$ 为试验所得 V 的平均值；T' 为发育起点温度的理论值。

【材料】

1. 仪器设备　系列温、湿度培养箱，盆栽秧苗（每盆一丛秧苗）、蔬菜苗或其他寄主植物等，温度计。

2. 供试昆虫　白背飞虱、小菜蛾等。

【内容与方法】

1. 系列温度的调节 调节系列温、湿度培养箱的控温旋钮,待培养箱内温度稳定时,温度计的读数应分别为15℃、20℃、25℃、28℃、30℃、35℃。在调节温度时,应尽量细心,避免产生误差。

2. 发育历期的观察 将供试昆虫的雌成虫接在盆栽秧苗、蔬菜苗或其他寄主植物上,让其产卵,随时检查产卵情况。将带有刚刚产卵的盆栽寄主植物(去除成虫后)分别置于系列培养箱中,每一温度重复5次,卵数在150粒以上,当卵开始孵化时逐时检查一次的孵化虫数(每次检查完后去除若虫),然后计算各温度条件下的卵平均发育历期。

自卵孵化后,逐日观察各龄幼虫、蛹在不同温度条件下的发育情况,据此计算不同温度条件下各龄幼虫的平均发育历期,采用同样的方法可以计算出各龄幼虫虫态的发育起点温度和有效积温。

【实验结果】

1. 计算发育速率 以小菜蛾为例,将试验所获得的结果记载于表26-1。并根据平均发育历期(D)计算得到的平均发育速率(V),填入表26-1中。

表26-1 不同恒温条件下小菜蛾卵和各龄幼虫的平均发育历期

虫期		温度(℃)					
		15	20	25	28	30	35
卵期	平均卵期(D, d)						
	平均发育速率($V, V=1/D$)						
幼虫期	1龄 平均卵期(D, d)						
	平均发育速率($V, V=1/D$)						
	2龄 平均卵期(D, d)						
	平均发育速率($V, V=1/D$)						
	3龄 平均卵期(D, d)						
	平均发育速率($V, V=1/D$)						
	4龄 平均卵期(D, d)						
	平均发育速率($V, V=1/D$)						

2. 计算发育起点温度(C)与有效积温 可按表26-2的统计方法进行,并将计算结果填入表26-2中。

实验二十六 昆虫发育起点温度与有效积温的测定

表 26-2 试验结果的一元线性回归统计表

统计项	统计值	统计项	统计值
$\sum V = \sum_{i=1}^{n} V_i$		$SS_V = \sum V^2 - \frac{1}{n}(\sum V)^2$	
$\sum V^2 = \sum_{i=1}^{n} V_i^2$		$SS_T = \sum T^2 - \frac{1}{n}(\sum T)^2$	
$\bar{V} = \sum V/n$		$SP = \sum VT - \frac{1}{n}(\sum V)(\sum T)$	
$\sum T = \sum_{i=1}^{m} T_i$		$r = \frac{SP}{\sqrt{SS_V \cdot SS_T}}$	
$\sum T^2 = \sum_{i=1}^{m} T_i^2$		$K = SP/SS_v$	
$\bar{T} = \sum T/m$		$C = \bar{T} - K\bar{V}$	
$\sum VT = \sum_{i=1}^{n} V_i T_i$			

3. 计算发育起点温度与有效积温标准误 S_C、S_K 可按表 26-3 的统计方法进行，并将计算结果填入表 26-3 中。

表 26-3 标准误 S_C、S_K 的计算

T	V	T′	$(T-T')^2$	$(V-\bar{V})^2$
15				
20				
25				
28				
30				
35				
$\sum$				

则 $S_C=$ _____ $S_K=$ _____

【作业与思考题】

①完成表 26-1、表 26-2、表 26-3 的计算。

②列出温度与供试昆虫卵、幼虫发育速率的线性回归式，并给出发育起点温度（C）和有效积温（K）的计算结果。

③预测在温度分别为 18℃、22℃、32℃时供试昆虫卵、幼虫的发育天数。

实验二十七　昆虫标本采集与制作

【目的】
①熟悉昆虫标本采集与制作的常见工具及其使用方法。
②掌握昆虫标本保管和制作方法及基本技能。
【用具】捕虫网、毒瓶、吸虫管、活虫采集盒、采集袋、三角纸包、指形管、诱虫灯、其他用具。
【内容和方法】
1. 昆虫标本采集的用具
（1）捕虫网　捕虫网（图27-1）种类较多，按其功能可分为捕网、扫网和水网3类。

①捕网（空网）：主要采集善飞的昆虫。其网由网圈、网袋、网柄3个部分组成。网圈用粗铁丝弯成，直径为30cm，两端折成直角，末端弯成小钩，用于牢固在网柄上。为了携带方便可将网圈铁丝中央剪断，并弯成小圈，互相套叠，折成半圆形；网袋选料薄、细、透明、坚韧的淡色或白色织物，如白纱布、白

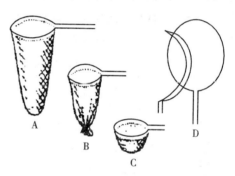

图27-1　捕虫网
A. 捕网　B. 扫网　C. 浅水扫网
D. 可拆卸折叠的网圈

尼龙纱或珠罗纱等。袋长为网圈直径的二倍，即60cm。袋底略圆，直径为5~6cm，以便将捕获的昆虫装进毒瓶。网袋口用密布镶边，内穿网圈（图27-1A, D）；网柄通常用长33cm，直径为2~3cm的木棍或竹竿制成。在网柄的一端挖两条小槽，并黏两小洞，便于固定网圈。

②扫网：用来扫捕植物丛中的昆虫。所以网袋要比捕网更结实一些，以便久用。网袋通常用亚麻布或白布制作；网圈铁丝要比捕网粗。网底也可开口。扫捕时用橡皮筋或细绳绑起来，放虫时解开，以求方便取虫（图27-1B）。

③水网：用来捕捉水生昆虫，网袋要求透水良好，通常用铜纱、铁纱、尼龙纱等织品。网柄要长些。网圈、网柄都要结实，以防因水的阻力过大而折

断。水网样式较多，一般为圆形。深水捕捞的水网与捕网相似（图27-1C），深水用时只是网口与网柄成垂直角度即可。

(2) **毒瓶** 毒瓶（图27-2）专用毒杀昆虫。通常选用严密封盖的磨口广口瓶作。

毒瓶制作方法1：首先在瓶内放置一层厚度为5~10mm的氰化钾（KCN）或氰化钠（NaCN）毒剂，并用底面平滑的木棍压碎、压平；然后铺一层10~15mm厚的细木屑，压平，压实；最后再加一薄层熟石膏粉，其厚度为2~3mm即可，待压平，压实后，用毛笔均匀地洒上一些水（切忌将石膏粉溅到瓶壁上）或用滴管沿广口瓶壁周围慢慢加水，使石膏全部湿润。注意不能在石膏层表面有积水。结成硬块即可使用。

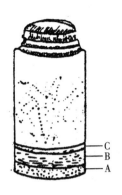

图27-2 毒瓶
A. 氰化钠 B. 细木屑
C. 石膏

毒瓶制作方法2：首先将5~10g氰化钾（钠）用纱布包成药包，置于瓶底。然后用塑料泡沫或纸片、软木片将其卡紧即可。

毒瓶制作方法3：除用氰化物制作毒瓶外，还可选用三氯甲烷、四氯甲烷、乙酸乙酯和敌敌畏等药物作为制作毒瓶的毒剂。制作时首先取适量的脱脂棉，放入瓶底。然后用长滴管吸取上述4种药剂的任一种，滴入脱脂棉上。最后用塑料泡沫或纸片、软木片将其卡紧即可。

为了减少毒瓶湿度，在毒瓶使用前，应在瓶内放一层吸水纸。使用时不要把鳞翅目昆虫标本与其他昆虫标本放在一个毒瓶内，这样既确保鳞翅目昆虫不受其他昆虫损坏，也防止其他昆虫标本不受鳞翅目昆虫鳞片的污染；不要用毒瓶毒杀软体幼虫；要注意安全，不仅平时要塞好毒瓶塞，而且当发现毒瓶破裂时，一定要予以深埋，妥善处理，并报告指导教师。

(3) **吸虫管** 吸虫管（图27-3）供采集蚜虫、蓟马、红蜘蛛等微小昆虫之用，其原理是利用吸气形成的气流将虫子带入管内。制作吸虫管时，首先精选合适的粗玻璃管，然后配上具有双孔的软木塞或橡皮塞，最后在两孔处，分别插上一根玻璃或塑料弯管。将接打气球（或直接用口吸）的一弯管的瓶内开口处包一层小纱布，避免小虫被吸进打气球或口内。

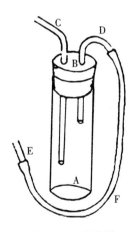

图27-3 吸虫器
A. 玻管 B. 软木塞
C、D、E. 细玻管
F. 橡皮管 G. 纱布

(4) **活虫采集盒** 凡是需要带回饲养的昆虫，都需要装入特制的活虫采集盒（图 27-4）内，一般是用铁皮做成，盖上装一块透气的铜纱和一个带活盖的孔。其大小没有严格的规定，只要通气好，不易跑掉，携带又方便即可。

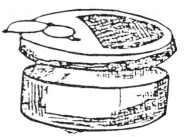

图 27-4 活虫采集盒

（5）**采集袋** 外出采集昆虫标本时，一般要带毒瓶、指形管、镊子、采集盒等采集工具，以及记录本等。采集袋（图 27-5）不仅大小不一，而且式样也很多。一般多用肩背式，可根据需要而定，但必须轻巧方便。盛放工具的位置要固定。指形管的筒状袋可按指形管的大小而做，每排 10 个左右，2~3 排即已够用。筒状袋可以做在里面，也可以做在外面。

图 27-5 肩背采集袋

（6）**三角纸包** 昆虫毒死后，不宜久置毒瓶内。必须取出来用纸袋包装，包装用白色坚韧的光面纸较好，一方面不易弄破，另一方面可避免与虫体摩擦而损坏，其包装是用长方形纸折成的。长宽之比为 3：2，大小可根据需要而定（图 27-6）。

（7）**指形管** 指形管型号很多，大小各异，质地也不同。可根据虫体的大小和功能的不同选用。通常采用 80mm×20mm 或 60mm×12mm 的玻璃管。配上软木塞或棉花塞。用以装虫和保存标本。也可用其他小管、小瓶或小盒等代用。

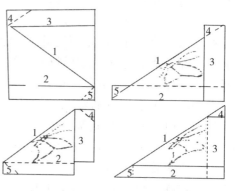

图 27-6 三角纸包

（8）**诱虫灯** 许多昆虫，尤其是蛾类有趋光性，利用这种习性可以制作各种不同形式的诱虫灯，借以诱杀它们。常用汽灯、马灯，在电源方便的地方，可用电灯，黑光灯以 40W 为好。装置汽灯或电灯时，应在上面安置一个直径 1m 的灯铁伞，伞下置一个 50cm 的漏斗，两者之间相距 9~12cm，灯一般固定在灯架上，在漏斗下挂一个毒瓶。如果要采一些活虫，下边可挂一个纱笼，灯应设置在空旷而有代表性的田野中。

(9) 其他用具　手持放大镜、镊子、枝剪、小锯、手铲、标签、橡皮筋、毛笔（用以刷小虫）、植物标本夹记录本等。

2. 昆虫标本的采集方法

(1) **网捕**　用来捕捉善飞善跳的昆虫。对于飞行迅速的种类，迎头捕捉，并立即挥动网柄，将网袋下部连虫一起甩到网圈上；若捕到的是大型蝶、蛾，可以隔网捏住其胸部，渐加压力，使之失去活动能力，取出放入三角纸袋中；若捕获的是一些中、小型昆虫，而且数量较多，可将网袋抖动，使虫集中在网底，捏住网的中部，将网放入毒瓶内，待虫毒死后再取出分装、保存。

栖息于草丛中的小虫，可以用扫网来回扫动，或边走边扫。所获得小虫在网底，可将网底塞入毒瓶内，待虫毒死后，倒出分离。也可将网中的集物倒入容器内，以后再处理。

水生昆虫就用水网进行打捞。

(2) **震落昆虫**　不少种类昆虫，它们停留在树叶、树枝上，通常很难发现。特别是具有拟态习性的昆虫，即使在我们眼前，也难看到。但只要轻轻摇动一下树枝，它们就会行动或起飞。这样就暴露了目标，便于采集；许多有假死性昆虫，一经震动就会下落坠地，可将帽子、伞接在树枝下面，或在树下铺白布单等方法来采集。

(3) **诱捕法**　是利用昆虫的各种趋性采集昆虫标本的方法。诱捕的方法很多，但利用昆虫对灯光和食物的趋性，是采集昆虫标本最简便有效地方法。

①灯光诱捕：是最常用的一种诱捕法。特别用黑光灯、高压汞灯诱虫，可获得蛾类、直翅目、同翅目、鞘翅目、双翅目、膜翅目、广翅目、半翅目等许多种昆虫标本。

②食物诱捕：是利用昆虫的趋化性，诱集昆虫的一种方法。

除此之外还有陷阱法，将骨头、臭鱼、腐肉等食物放进陷阱内，可诱集多种腐蚀性甲虫。

A. 糖蜜诱集：如蝶、蛾类喜欢吸食花蜜，许多种甲虫、蝇类也常到花上取食花蜜，或集聚在树干流出的含糖液体上。利用昆虫这种习性，可以在树干上涂抹一些糖浆或烂红薯等具有酸、甜味的食物进行诱集。白天可诱集蝶类，夜间则可诱到许多蛾类和甲虫。

B. 腐肉诱集：也是一种有效的采集方法。它是利用有些昆虫对腐肉一类物质的趋性进行诱集，特别适合于采集各种甲虫。如埋葬虫、隐翅虫、阎魔虫、金龟子等。诱集方法是，将放置有腐肉或烂鱼等腥臭食物的玻璃瓶等容器埋在土中，瓶口与地面相平。如果瓶口较大，需用树枝、石块等物体将瓶口上方遮盖，以防其他动物衔食。

C. 异性诱集：雌性昆虫能释放性信息素，吸引同种雄性个体前来进行交配。利用这一特性，获取昆虫标本。方法是将采到的或饲养出的雌蛾放入小纱笼内，挂在适当的地方，可诱来许多同种的雄蛾。如舞毒蛾、天蚕蛾等均可用这种方法进行诱集。

3. 昆虫标本的采集时间和地点 昆虫标本采集的时间和地点，要根据所采集昆虫种类的生物学习性和生态学特性决定。若是重点采集，首先必须弄清该虫的生活习性、发生规律、活动场所及其寄主作物的生长期等。如采集小麦吸浆虫，就只有在小麦抽穗扬花时才能采集到成虫；若要采集麦长腿红叶螨，则只有到旱原、坡地等干旱的麦地才能采到。

一天内采集的最佳时间，不同的昆虫种类也不一样，日出性昆虫一般在白天活动，可在白天采集，要弄清一个地区的昆虫相，则需要在该地区的不同生态环境不定时连续性地全面采集方可。

4. 昆虫标本的制作 标本采回来以后，必须及时进行处理和制作，以供观察和研究之用，决不能久放，以免丢失和损坏。

标本的制作分为针插标本的制作、浸制标本的制作、生活史标本的制作和玻片标本的制作几种，这里介绍针插标本和浸制标本的一般制作方法及有关的用具，玻片标本的制作另行介绍。

(1) 针插标本的制作

① 制作用具：

A. 昆虫针：昆虫针是用不锈钢做成的，专供针插昆虫之用，针的型号分为00、0、1、2、3、4、5 七种型号，1～5 号针的长度为 38mm，顶端膨大（图 27-7B）。其中 00 号最细、最短，长只有 1cm，直径只有 0.3mm。顶端不膨大，专供插体形细小的昆虫。针的号愈大，就愈粗，要根据虫体的大小来选用。通常 3 号和 4 号应用最广。

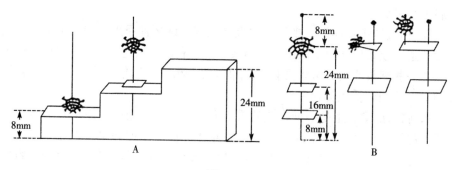

图 27-7
A. 三级台 B. 小体昆虫的针插法

B. 三级台：是由一整块木板制作而成，长 7.5cm，宽 3cm，高 2.4cm，分为 3 级，每级高 8mm，每一级的中间钻有小孔，可将昆虫针插入孔内，使昆虫、标签在针上处于一个固定的位置（图 27-7A、B）。第 1 级用来插昆虫标本的高度；第 2 级是确定采集标签的高度；第 3 级为定名标签的高度。

C. 展翅板：供蛾类、蝶类等昆虫展翅之用，是用较软的木板或塑料泡沫板制作而成，展翅板的底部是一块顽症的木板，上面装有两块可以活动的木板，也可以一块固定，一块活动，以便调整板缝间的宽度，两板间缝的底部装软木条，展翅板长 33cm，软木条至两木板的内上缘为 2.6cm（图 27-8A）。

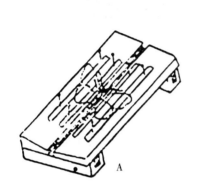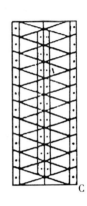

图 27-8
A. 展翅板 B. 还软器 C. 三角纸制法

D. 还软器：可供已干燥的昆虫标本软化之用。使用时，在容器底部铺一层湿沙，并加少量苯酚，防止发霉，在瓷隔上放置待还软的标本，几天之后，干燥了的标本即可还软，需要还软的时间，则因季节和标本的大小而异，一般中等大小的标本夏季 3～5d 即可，冬季则需 1 周以上，还软器的盖要用凡士林密封，以防漏气（图 27-8B）。

E. 三角台纸：是用厚的道林纸，剪成底宽 3mm，高 12mm 的小三角，供贴插微小昆虫之用（图 27-8C）。

②制作方法：除幼虫、卵、蛹和极小的成虫外，都可以用针插起来，装盒保存。

A. 挑选针的型号和确定插针位置：针的型号要视虫体大小而定，个体小者用小号针，个体大者用大号针。针插的位置是一定的，如蛾、蝶、蜂、蜻蜓、蝉等是从中胸背面正中间插入，通过中足中央穿出来；蚊、蝇类是从中胸的中间偏右的地方插针；蝗虫、蟋蟀、蝼蛄等，插在前胸背板的右面；甲虫类插在右鞘翅的基部；蝽插在中胸小盾片的中央。这种规定是比较科学的，一方面是为了插的牢固，另一方面是为了不破坏虫体的鉴定特征（图9）。

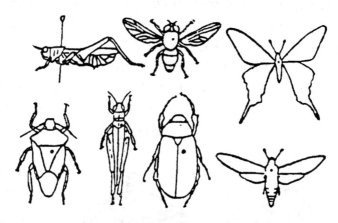

图 27-9 不同昆虫类群的针插位置

B. 确定虫体和标签的高度：首先将插好标本的昆虫针，插在三级台第1级孔内，确定昆虫标本的高度。但由于虫体大小各异，厚薄不等，所以通常在第1级插好后，将倒转针头，在3级孔内再插一下。这样既使虫背面离针头的距离保持一致，也便于取放。然后在第2级孔内插上采集标签，在第3级孔内插上定名标签。

C. 整姿：甲虫、蝗虫、蟑等类昆虫，针插后在整姿台上将足和触角的姿势加以整理，其要求是，前足向前，后足向后，使其呈自然状态。

D. 展翅：蝶、蛾、蜻蜓等昆虫，针插后移入展翅板，腹部在二板中间，两翅平铺，虫体上的针固定在槽沟中的软木条上，然后用小号昆虫针插在翅基部较粗的翅脉上，将左右前翅向上拉，一般是：蝶、蛾类以两前翅后缘与体垂直为止；蜻蜓、草蛉则以后翅的两前缘成一直线为准；蜂类、蝇类以两前翅尖端与头相齐为准。将前、后翅摆放好后，用光滑纸片或玻璃纸片压在翅上再用大头针将压纸紧固在展翅板上，然后整理头、触角和足，使其呈自然状态，触角一般与前翅前缘平行，大型蛾类因腹大易下垂，可用厚纸条托成水平状态，整翅时特别是蛾蝶类，一定要小心，不要把翅上鳞片损坏，以免影响鉴定。

E. 一些细小的昆虫不宜针插，可用黏虫胶黏在三角台纸的尖端，方法是先将三角台纸插在昆虫针距顶端8mm处，然后在台纸尖端滴虫胶少许，再将昆虫放上，台纸尖端要从昆虫腹部中后足之间插入，为了将来鉴定方便，如果是甲虫或膜翅目等小体昆虫，该虫在两个以上者，可将1~2个翻过来，腹面向上，黏住背面，虫头向前，台纸尖端向左。

F. 加标签：在上述工作之后，要加上标签，一般要加2个标签，每一级的高度均为 8mm，标签长 15mm，宽 8mm。

G. 将整好而干的标本移入标本盒内，其上铺一层白纸，盒的四角可固定一些纸包的樟脑丸。

(2) 浸制标本的制作　除鳞翅目以外的其他成虫，身体柔软的或微小的昆虫与虫态（幼虫、卵、蛹）、螨类、蜘蛛等均可用保存液浸泡，保存于指形管、标本缸或其他玻璃容器内，成虫标本浸泡时，不需要经过煮沸等处理，可直接投放入保存液中即可，只是在投放二周后换 1~2 次保存液就行，这里着重介绍一下采回来的活幼虫如何处理与浸泡。

① 制作用具及药品：

A. 保存液：目前广泛应用的主要有两种：

a. 酒精保存液：常用浓度为 75% 的酒精液，小形或软体昆虫应先用低浓度酒精浸泡，再用 70% 酒精保存，这样虫体就不会立即变硬，若在 75% 酒精中加入 0.5%~1% 的甘油能使虫体保持柔软，便于以后观察，酒精液在浸渍大量标本后半个月，应更换一次，保持其浓度不变，否则长期下去标本会变黑或肿胀变形，以后再酌情更换 1~2 次，就可以长期保存。

b. 福尔马林保存液：其比例为含甲醛 40% 的福尔马林 1 份，加水 17~19 份，此液用来保存昆虫的卵，效果较好。

B. 标本的处理：

a. 饥饿：采回来的活幼虫（特别是黏虫、小地老虎、斜纹夜蛾等暴食性种类），应先饥饿 24h，使其体内粪便排净，以防腐烂。

b. 煮杀：为了确保软体昆虫体躯舒展，在放入浸泡液之前，现将饥饿后的昆虫放入开水中煮汤一下。煮的时间要依虫的种类、虫体的大小、老嫩而定，一般煮到虫体直硬即可。

c. 浸泡保存：将经过沸水处理后的标本，取出后稍冷一下后，再投入保存液中保存。

d. 加标签：用铅笔或碳素墨汁注明采集的时间，地点，投入标本保存液中，也可用碳素墨汁注明后贴于瓶外。

e. 蜡封：若需要永久保存的标本，还要将液浸标本的容器口用蜡封闭。以防气体挥发，降低药效。

主 要 参 考 文 献

北京农业大学.1980.昆虫学通论(上册)[M].北京：农业出版社.
北京农业大学.1996.昆虫学通论[M].2版.北京：中国农业出版社.
彩万志,庞雄飞,花保祯,等.2001.普通昆虫学[M].北京：中国农业大学出版社.
陈合明.1991.昆虫学通论实验指导[M].北京：北京农业大学出版社.
雷朝亮,荣秀兰.2003.普通昆虫学[M].北京：中国农业出版社.
李法圣.2001.中国啮虫志[M].北京：科学出版社.
牟吉元,徐洪富,荣秀兰.1996.普通昆虫学[M].北京：中国农业出版社.
南开大学,中山大学,北京大学,等.1981.昆虫学(下册)[M].北京：人民教育出版社.
田立新,胡春林.1989.昆虫分类学的原理和方法[M].南京：江苏科学技术出版社.
汪世泽.1993.昆虫研究法[M].北京：中国农业出版社.
王荫长,陈长琨,韩召军.1994.昆虫生理生化学[M].北京：中国农业出版社.
尤大寿,归鸿.1995.中国经济昆虫志 第四十八册 蜉蝣目[M].北京：科学出版社.
袁锋.1996.昆虫分类学[M].北京：中国农业出版社.
郑乐怡,归鸿.1999.昆虫分类(上下册)[M].南京：南京师范大学出版社.
周尧.1964.昆虫分类学[M].杨凌：西北农学院.
CEDRIC GILLOTT. 1980. Entomology [M]. New York and London: Plenum Press.
GULLAN P J, GTANSTON P S. 2000. The insect an outline of entomology [M]. 2nd ed. Blackwell Science Ltd Editorial Offices.
HEPPNER J B, DUCKWORTH W D. 1981. Classification of the Superfamily Sesioidea (Lepidoptera: Ditrysia) [J]. Smithsonian Contributions to Zoology. 314: 144.
RICHARDS, DAVIES R G. 1977. Imms' general textbook of entomology [M]. 10th ed. New York: Halsted Press.
PENNISI, ELIZABETH. 2002. New insect order speaks to life's diversity [J]. Science, 296: 445-447.